# 中国科学技术大学数学教学丛书编委会

(按拼音排序)

主　编　程　艺

顾　问　陈希孺　方兆本　冯克勤　龚　昇　李翊神
　　　　石钟慈　史济怀

编　委　陈发来　陈　卿　陈祖墀　侯定丕　胡　森
　　　　蒋继发　李尚志　林　鹏　刘儒勋　刘太顺
　　　　缪柏其　苏　淳　吴耀华　徐俊明　叶向东
　　　　章　璞　赵林城

中国科学技术大学数学教学丛书

# 微 积 分 五 讲

龚 昇 著

科 学 出 版 社

北 京

# 内 容 简 介

　　本书从现代数学的观点以及矛盾的观点来重新审视与认识微积分.用通俗的语言讲述了微积分从哪里来、微积分的三个发展阶段、微积分严格化后走向哪里、微积分的主要矛盾,尤其用外微分形式的观点来说清楚高维空间上微积分的主要矛盾,用矛盾的观点来梳理微积分中的定理与公式等,使读者从高一个层次上来认识微积分.

　　本书适合理工科专业的大学生、研究生、教师以及数学爱好者使用.

**图书在版编目(CIP)数据**

微积分五讲/龚昇著.—北京:科学出版社,2004
(中国科学技术大学数学教学丛书)
ISBN 978-7-03-013439-4

Ⅰ.微… Ⅱ.龚… Ⅲ.微积分‐高等学校‐教材 Ⅳ.O172

中国版本图书馆 CIP 数据核字(2004)第 049651 号

责任编辑:杨　波　李鹏奇　姚莉丽/责任校对:李奕萱
责任印制:赵　博/封面设计:黄华斌

*科学出版社* 出版
北京东黄城根北街 16 号
邮政编码:100717
http://www.sciencep.com
北京凌奇印刷有限责任公司印刷
科学出版社发行　各地新华书店经销

\*

2004 年 8 月第　一　版　　开本:720×1000 1/16
2024 年 11 月第五次印刷　　印张:6 1/4
字数:77 000

**定价:25.00元**
(如有印装质量问题,我社负责调换)

# 前　　言

2002 年 3、4 月之间，根据陈省身教授的嘱咐，我在天津作了微积分的系统讲演，共 16 学时．2003 年 4 月，我在丘成桐教授创办的浙江大学数学科学研究中心工作期间，又作了微积分的系统讲演，共 10 学时．这两次系统讲演，听众是大学生和一些大学教师，这本小书就是根据这两次系统讲演的讲稿及录像整理而成的．

本书着重阐明数学思想，因此，不求句句话都十分严格，而求通俗易懂．这本小书也实际上阐述了我对微积分这门学科及大学微积分这门课程的看法，其中有一些看法也许是新的，这当然是我个人的浅见，未必正确，说出来供正在学习或已经学过微积分的大学生及教微积分的教师们参考．

我要感谢陈省身教授，他对我的多次有关数学，尤其是微积分的谈话，使我深受教育，得益匪浅．例如：他十分深刻地指出了，多变量微积分与单变量微积分的根本差别在于前者有外微分形式．

我也要感谢南开大学刘徽数学研究中心及浙江大学数学科学研究中心，尤其是南开大学的葛墨林教授、天津大学的熊洪允教授、浙江大学的许洪伟教授、尹永成教授，他们为我作这两次系统讲演及写作这本小书给予了极大的关心、帮助与支持．中国科学技术大学的程艺教授、叶向东教授、章璞教授等对此书也给予了极大的关心、帮助与支持，尤其是余红兵教授仔细阅读了书稿并提出了十分宝贵的意见，这些都使我感激不尽．科学出版社杨波、李鹏奇先生为本书的出版作了很大的努力，我深表感激．我还要感谢沈可美小姐为精心打印本书所付出的辛勤劳动．

龚　昇
2003 年 5 月于杭州灵峰山庄

# 目　　录

# 第一讲　回顾中学数学

## 1.1　百年前的讲演

20 世纪已经过去了，这是一个伟大的世纪．在这个世纪，数学得到了前所未有的迅猛发展．在这个世纪即将来临时，1900 年 8 月 5 日，德国数学家希尔伯特（David Hilbert 1862~1943）在巴黎第二次国际数学家大会上作了题为"数学问题"的著名讲演[1]．这是一个载入史册的重要讲演．他在讲演的前言和结束语中，对数学的意义、源泉、发展过程及研究方法等，发表了许多精辟的见解，而整个讲演的主体，则是他根据 19 世纪数学研究的成果和发展趋势而提出的 23 个数学问题．这些问题涉及现代数学的大部分重要领域．100 多年来，这些问题一直激发着数学家们浓厚的研究兴趣．到现在为止，这些问题近一半已经解决或基本解决，但还有些问题虽已取得重大进展，而未最后解决，如：Riemann 猜想，Goldbach 猜想等．

对 Hilbert 在 1900 年提出的 23 个问题，现在回过头来看，有不少评论，但是很多人认为：这些问题，对推动 20 世纪数学的发展起了很大的作用，当然也有评论说其不足之处，例如这 23 个问题中未能包括拓扑、微分几何等在 20 世纪成为前沿学科领域中的数学问题；除数学物理外很少涉及应用数学等等．当然更不会想到 20 世纪电脑的大发展及其对数学的重大影响．20 世纪数学的发展实际上是远远超出了 Hilbert 问题预示的范围．

Hilbert 是 19 世纪和 20 世纪数学交界线上高耸着的三位伟大数学家之一．另外两位是：庞加莱（Henri Poincaré，1854~1912）及克莱因（Felix Klein，1849~1925）．他们的数学思想及对数学的贡献，既反射出 19 世纪数学的光辉，也照耀着 20 世纪数学前进的道路．Hilbert 在 1900 年作此讲演时，年仅 38 岁，但已经是当时举世公认的德高望重的三位领袖数学家之一.

Hilbert 是在上一个世纪，新旧世纪交替之际作的讲演，现在又一个新的世纪开始了，再来看看他的讲演，其中一些话，现在仍然适用. 例如在讲演一开始，他说："我们当中有谁不想揭开未来的帷幕，看一看在今后的世纪里我们这门科学发展的前景和奥秘呢？我们下一代的主要数学思潮将追求什么样的特殊目标？在广阔而丰富的数学思想领域，新世纪将会带来什么样的新方法和新成果？"他还接着说："历史教导我们，科学的发展具有连续性. 我们知道，每个时代都有自己的问题，这些问题后来或者得以解决，或者因为无所裨益而被抛到一边并代之以新的问题. 因为一个伟大时代的结束，不仅促使我们追溯过去，而且把我们的思想引向那未知的将来."

20 世纪无疑是一个数学的伟大时代. 21 世纪的数学将会更加辉煌. "每个时代都有它自己的问题". 20 世纪来临时，Hilbert 提出了他认为是那个世纪的 23 个问题，这些问题对 20 世纪的数学发展起了很大的推动作用，但 20 世纪数学的成就却远远超出他所提出的问题. 那么，21 世纪的问题又是什么呢？在这个新、旧世纪之交，也有不少杰出的数学家提出了他们认为是 21 世纪的数学问题，但往往是"仁者见仁，智者见智". 到现在为止，所有提出的这些问题，还没有一些像 Hilbert 当时提出的 23 个问题那样为大家所普遍接受.

对 Hilbert 的 23 个问题，不在这里介绍了，有兴趣的读者可参阅李文林的著作[2]. 但百年前，Hilbert 讲演中对数学的一些见解都是非常深刻的. 百年过去了，重读他的讲演，依然得到很多启示. 当然不可能在此对他的讲演中各个部分都来阐述自己的体会，只想讲一点自己对他说的一段话的粗浅认识.

从 17 世纪 60 年代微积分发明以来，数学得到了极大的发展，分支愈来愈多. 开始时一些大数学家对各个分支都懂，并做出了很多重大贡献，但后来数学的分支愈分愈细，全面懂得各个分支的数学家愈来愈少. 到 19 世纪末，Hilbert 做讲演时，已经是这种情况. 于是在讲演中，他说了这样一段话："然而，我们不禁要问，随着数学知识的不断扩展，单个的研究者想要了解这些知识的所有部门岂不是变得不可能了吗？为了回答这个问题，我想指出：**数学中每一步真正的进展都与更有力的工具和更简单的方法的发现密切联系着，这些工具和方法同时会有助于理解已有的理论并把陈旧的、复杂的东西抛到一边。数学科学发展的这种特点是根深蒂固的**。因此，对于个别的数学工作者来说，只要掌握了这些有力的工具和简单的方法，他就有可能在数学的各个分支中比其他科学更容易地找到前进的道路"。100 多年过去了，数学发展得更为广阔与深入，分支愈来愈多，现在数学已有 60 个二级学科，400 多个三级学科，更是不得了，所以，Hilbert 的上述这段话现在显得更为重要。不仅如此，Hilbert 的这段话实际上讲的是数学发展的历史过程，十分深刻地揭示了数学发展是一个推陈出新、吐故纳新的过程，是一些新的有力的工具和更简单的方法的发现与一些陈旧的、复杂的东西被抛弃的过程，是"**高级**"的数学替代"**低级**"的数学的过程，而"**数学科学发展的这种特点是根深蒂固的**"。事实上，在数学的历史中，一些新的有力的工具和更简单的方法的发现，往往标志着一个或多个数学分支的产生，是一些老的分支的衰落甚至结束。

回顾一下我们从小开始学习数学的过程，就是在重复这个数学发展的过程。一些数学虽然后来被更有力的工具和更简单的方法所产生的新的数学所替代了，即"**低级**"的被"**高级**"的所替代了，但在人们一生学习数学的过程中，却不能只学习"**高级**"的，而完全不学习"**低级**"的，完全省略掉学习"**低级**"的过程。这是因为人们随着年龄的不断增长，学习与他的年龄与智力发育相当的数学才是最佳选择，学习数学是一个循序渐进的过程，没有"**低级**"的数学打好基础，很难理解与学习好"**高级**"的数学。

以下我们从 Hilbert 讲演中的这一段精辟的论述的角度来认识我们的中小学的数学课程，也只是从数学发展的历史的角度来讨论问题，这与教育的角度来考虑问题，虽有联系，但是不一样的。

## 1.2　算术与代数

人类有数的概念，与人类开始用火一样古老，大约在 30 万年前就有了，但是有文学记载的数字到公元前 3400 年左右才出现，至于数字的四则运算则更晚．在我国，《九章算术》是古代数学最重要的著作，是从先秦到西汉中叶的众多学者不断修改、补充而成一部数学著作，成书年代至迟在公元一世纪．这是一本问题集形式的书，全书共 246 个题，分成九章，包含十分丰富的内容，在这本书中有分数的四则运算法则、比例算法、盈不足术、解三元线性代数方程组、正负数、开方以及一些计算几何图形的面积与体积等．在西方，也或迟或早地出现了这些内容，而这些内容包括了我们从小学一直到中学所学习"**算术**"课程的全部内容．也就是说，人类经过了几千年才逐渐弄明白的"**算术**"的内容，现在每个人的童年时代花几年就全部学会了．

对于"**算术**"来讲，"**真正的进展**"是由于"**更有力的工具和更简单的方法的发现**"，这个工具与方法是"**数字符号化**"，从而产生了另一门数学"**代数**"，即现在中学中的"**代数**"课程的内容．在我国，这已是宋元时代（约 13 世纪五六十年代），当时的著作中，有"**天元术**"和"**四元术**"，也就是让未知数记作"**天**"元，后来将两个、三个及四个未知数记作"**天**"、"**地**"、"**人**"、"**物**"等四元，也就是相当于现在用 $x$，$y$，$z$，$w$ 来表达 4 个未知数．有了这些"**元**"，也就可以解一些代数方程与联立代数方程组了．在西方，彻底完成数学符号化是在 16 世纪．现在中学中学习的"代数"课程的内容，包括有一元二次方程的解，多元（一般为二元、三元至多四元）联立方程的解等．当然，在"数学符号化"之前，一元二次方程的解，多元联立方程的解已经出现，例如我国古代已有一些解一般数字系数的代数方程的"算法程序"，但这些都是用文字表达的，直到"数字符号化"之后，才出现了现在中学代数内容的形式．

由"**数字符号化**"而产生的中学"**代数**"的内容，的的确确是"**数学中真正的进展**"．"**代数**"的确是"**更有力的工具和更简单的方**

法". "算术"顾名思义, 可以理解为 "**计算的技术与方法**", 课程名称取为 "**算术**" 也许是从我国古代的《九章算术》而来. 而 "**代数**" 可以理解为 "**以符号替代数字**", 即 "**数字符号化**". 人类从 "**算术**" 走向 "**代数**" 经历了千年, 但在中学的课程中, 却只花短短的几年就可以全部学会这些内容.

在这里, 我要重复说一遍, 尽管中学的 "**代数**" 比小学的 "**算术**" 来的 "**高级**", 是 "**更有力的工具和更简单的方法**", 但并不意味着小学的 "**算术**" 就可以不必学了. 这是因为: (1) "**算术**" 中的一些内容不能完全被 "**代数**" 所替代, 如四则运算等; (2) 即使是能被替代的内容, 适当地学习一些, 有利于对 "代数" 内容的认识与理解; (3) 从教育学的角度考虑, 这里有循序渐进的问题, 有学生不同年龄段的接受能力的问题等等.

作为中学 "**代数**" 中的一个重要内容是解多元一次方程组. 在中学 "**代数**" 的教材中, 一般着重讲二元或三元一次联立方程组, 所用的方法是消元法, 但是, 如果变元为四个或更多时, 就得另想办法来建立起多元一次联立方程组的理论. 经过很多年的努力, 向量空间即线性空间、线性变换即矩阵的概念产生了, 这不但给出了多元一次联立代数方程组的一般理论, 而且由此建立起一门新的学科 "**线性代数**". 这是又一次 "**数学中真正的进展**". 由于 "**更有力的工具和更简单的方法**", 即**向量空间即线性空间, 线性变换即矩阵**的概念与方法的建立, 不仅对多元一次联立代数方程组的理解更为清楚, 更为深刻, 且由于有了统一处理的方法, 可以把个别地处理方程组的方法 "**抛到一边**". 当然 "**线性代数**" 的产生还有些其他的因素, 但解多元一次联立代数方程组是 "**线性代数**" 最重要, 最生动的模型, 而 "**线性代数**" 的产生的确再次印证了 Hilbert 所说的那段话.

在中学 "代数" 中另一重要内容是解一元二次方程. 在古代, 例如《九章算术》中已有解一般一元二次方程的算法, 后来有很多的发展, 直到花拉子米 (M. al-Khowārizmi, 约 $783 \sim 850$) 给出了相当于一般形式的一元二次方程 $x^2 + px + q = 0$ 的一般的求根公式为

$x=\dfrac{-p}{2}\pm\sqrt{\left(\dfrac{p}{2}\right)^2-q}$（但他不取负根和零根）. 1545 年由卡尔丹（G. Cardano, 1501~1576）公布了塔塔利亚（N. Fontana, 1499? ~1557）发现的解一元三次方程的解. 而一元四次方程的解由费拉里（L. Ferrari, 1522~1556）所解决. 于是当时大批的数学家致力于更高次方程的求根式解，即企图只对方程的系数作加、减、乘、除和正整数次方根等运算来表达方程的解. 经过了两个世纪的努力，大批数学家都失败了，直到 1770 年，拉格朗日（J. L. Lagrange, 1736~1813）看到了五次及高次方程不可能做到这点. 又过了半个世纪，1824 年阿贝尔（N. H. Abel, 1802~1829）解决了这个问题，即对于一般的五次和五次以上的方程求根式解是不可能的. 但什么样的代数方程能根式可解，这个问题被伽罗瓦（E. Galois, 1811~1832）所解决. 他证明了：方程根式可解当且仅当它的 Galois 群可解，当然在这里不解释什么是 Galois 群，什么叫可解. Abel 与 Galois 不仅解决了 300 年来无法解决的著名难题，更重要的是：为了解决这个问题，他们建立起了"**域**"与"**群**"的概念. 这就意味着现代代数理论的产生. 这是又一次"**数学中真正的进展**". 它是由于"**更有力的工具和更简单的方法**"，即"**域**"与"**群**"的发现而造成的. 有了"**域**"，尤其是"**群**"以及后来发展起来的现代代数理论，可以更清楚，更深刻地理解以往高次代数方程求根式解的问题，而的确可以把以往那些"**陈旧的，复杂的东西抛到一边**". 从此翻开了数学崭新的一页.

　　以"群"、"环"、"域"为基本内容与出发点的现代代数理论，在大学的课程中的"**近世代数**"就是介绍这些内容的，这已成为现代数学中的基本内容与语言之一，它们在历史上及现代数学中都有不可估量的作用. 例如：1872 年由 Klein 提出的著名 Erlangen program，即认为各种几何学所研究的实际上就是在各种变换群下的不变量这个数学思想，是企图将以往看来关系不大的各种几何学用统一的观点来认识与研究，不仅对几何学的发展，而且对整个数学的发展起了巨大的作用. 又例如：讨论了几千年的尺规作图问题，由于域论的出现而彻底解决. 所谓尺规作图问题, 就是用无刻度直尺和圆规作出平面或立体图形, 最为著名的如古希腊三大几何作图问题. (1) 三等分角, 即分任意角为三等分. (2) 倍立方体, 即作一个立方体, 使其体积等于已知立方体的两倍. (3) 化圆为方, 即作一个与给定的圆面积相等的正方形. 这些问题的提出是公元前 5 世纪以来逐渐形成的, 也不知有多少人为之努力过而徒劳无功, 而这些问题的彻底解决不过是域论中一个基本而简单的结论的推论.

近世代数的来源与发展当然还有其他的因素, 但 Abel, Galois 的贡献无疑是奠基性的. 线性代数与近世代数之间有着深刻的联系. 例如: 线性代数所讨论的一个线性变换作用在一个向量空间上成为近世代数中 "**模**" 的最基本的一个模型.

可以将本节所讨论的内容简略画一个图形如下 (图 1.1):

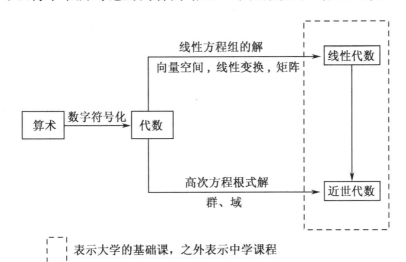

图 1.1

## 1.3 几何与三角

人类在很早的时候, 就有各种计算面积与体积的公式或经验公式, 也得到了不少几何的定理. 例如: 著名的毕达哥拉斯 (Pythagoras, 约公元前 580~前 500) 定理等. 但在古代作为几何的代表作, 则是欧几里得（Euclid）的《原本》（Elements）. Euclid 生平不详，只知他在公元前 300 年左右活跃于亚历山大城.《原本》共 13 卷[3]，包括 5 条公理，5 条公设，119 个定义和 465 条命题，构成了历史上第一个数学公理体系，可以说其影响一直延续至今，现在中学中学习的"**平面几何**"与"**立体几何**"的内容，在《原本》中都已有了.《原本》不但包括了"**平面几何**"与"**立体几何**"的内容，而且还涉及到其他一些数学内容，如数论的一些内容等. 所以《原本》不完全是一部纯几何的著作，这是一部历史上印数最多的著作之一（仅次于圣经），一部历史上应用时间长达 2000 年的书，而且其影响之大，如数学公理化的思想，不仅影响几千年来数学的发展，还影响到许多其他学科.

　　总之，现在我们中学里学习的"**平面几何**"与"**立体几何**"的基本内容，是 2300 年前已有的内容. 从《原本》问世以来，几何领域一直是它的一统天下，这种现象持续了 1000 多年. "**真正的进展**"是笛卡儿（R. Descartes，1596~1650）与费马（P. de Fermat，1601～1665）建立起来的"**解析几何**"的产生，其基本思想是在平面上引进"**坐标**"，使得平面上的点与实数对 $(x, y)$ 之间建立起一一对应，于是几何问题可以用代数形式来表达，而几何问题的求解就归化为代数问题的求解. 一旦代数问题得解，就可以得到几何问题的解. Descartes 甚至还提出过一个大胆的计划，即

任何问题→数学问题→代数问题→方程求解

也就是说，任何问题都可以归化为数学问题，而任何数学问题都可以归化为代数问题，而任何代数问题都可以归化为方程求解问题. 一旦方程得解，则代数问题、数学问题从而原来的问题就得解，对一些问题来说，这也许是对的，可行的，例如：对一些几何问题，这往往是很有效的，但一般来说这是难于实现的.

　　解析几何的产生可以理解为变量数学的开始，为微积分的诞生创造了条件. 由于引进了坐标，几何问题归结为代数问题，于是可以用一些代数的工具与方法来处理，从而使几何问题得解. 这种思想与方法，使整个数学面目为之一新，这的确是"**数学中一步真正的进展**".

引进坐标，建立起点与数对之间的一一对应，的确是"**更有力的工具与更简单的方法**"，而"**这些工具与方法**"的确可以更深刻理解已有的理论．如直线就是一次方程，圆锥曲线就是二次方程等，而也的确可以"**把陈旧的，复杂的东西**"，如一些平面几何中难题的复杂的解题技巧等"**抛到一边**"．

现在中学生学习的"**解析几何**"课程的内容，基本上是 17 世纪由 Descartes 与 Fermat 建立起来的内容，也就是 300 多年前的内容，其中除了讨论直线、平面、圆、球以外，还有圆锥曲线．人类对圆锥曲线的讨论，甚至可以追溯到阿波罗尼奥斯（Apollonius，约公元前 262～前 190）．但人们真正完全认识清楚圆锥曲线也许是在解析几何产生后，弄清了圆锥曲线就是二次曲线之后．由于引入了坐标，人们不仅能讨论直线与平面——一次曲线与曲面，圆、球、圆锥曲线与曲面——二次曲线与曲面，还能讨论更为高次的曲线及其他曲面．不仅如此，由于几何问题归化为代数问题，可以通过计算机来证明与制造各种几何定理，这就是"**机器证明**"，我国的吴文俊院士对此作出了巨大贡献．

既然"**解析几何**"是"**数学中一步真正的进展**"，"**解析几何**"比起"**平面几何**"与"**立体几何**"都来得"**高级**"，那么"**平面几何**"与"**立体几何**"是不是就不要学习了，直接学习"**解析几何**"就可以了．从教育学的观点，这显然是不对的，我们所说的"**把陈旧的，复杂的东西抛到一边**"是指"**解析几何**"产生之后，那种用原来的方法来创造与发明几何定理的时代已经过去了．

在中学中必须学习"**平面几何**"与"**立体几何**"，至少有以下几点理由：（1）可以认识人们生活的三维 Euclid 空间中一些最基本的几何关系与性质，即几何直觉；（2）不学习"**平面几何**"与"**立体几何**"，无法学习"**解析几何**"与"**微积分**"；（3）"**平面几何**"与"**立体几何**"是训练学生严格逻辑思维的最好方法之一，这种训练比上一门"**形式逻辑**"课更为有效，且这种训练对学生终生有用．当然中学中"**平面几何**"与"**立体几何**"应上多少内容是一个值得探讨的问题，完全取消是绝对错误的，做过多的几何难题也似乎是不必要的．

　　对古典几何的另一个**"真正的进展"**是**"非欧几何"**的产生，这是数学史上的划时代贡献，是 19 世纪最重要的数学事件之一，它打破了 Euclid 几何的一统天下，给人们很多启示，数学从此翻开了全新的一页．

　　前面说到 Euclid 的《原本》有五条公设与五条公理，五条公设是：(1) 从任意一点到任意一点可作一直线；(2) 一条直线可不断延长；(3) 以任意中心和直径可以画圆；(4) 凡直角都彼此相等；(5) **若一直线落在两直线上所构成的同旁内角和小于两直角，那么把两直线无限延长，它们将在同旁内角和小于两直角的一侧相交**．人们对前四条感到简洁、明了、无可厚非，而对第五公设，感到它不像一条公设，而更像一条定理，即这是可以从其他公设、公理及定理中推导出来的．第五公设（也叫平行公设）有很多等价的叙述，最常用的为："**过已知直线外一点，能且只能作一条直线与已知直线平行**"．

　　2000 多年来，不知有多少数学家致力于用其他的公设、公理及定理来证明第五公设，甚至有人花去了整个一生，但统统归于失败．直到 19 世纪，高斯（C. F. Gauss, 1777～1855）、波约（J. Bolyai, 1802～1860）、罗巴切夫斯基（N. U. Lobatchevsky, 1792～1856）创立了"非欧几何学"，才结束了这件公案．

　　他们三人是各自独立地几乎是同时地创立了**"非欧几何学"**．其主要思想是：一反过去人们企图从其他公设、公理及定理来证明第五公设的做法．认为：第五公设不可能从其他的公设、公理及定理中推出来，从而发展起第五公设不成立的新的几何学．Gauss 称之为"**非欧几里得几何学**"，简称"**非欧几何学**"．如同一切新生事物所要经历的那样，**"非欧几何学"**从发现到普遍接受，经历了曲折的道路，要为大家所普遍接受，需要确实地建立起**"非欧几何"**本身的无矛盾性和现实意义．

　　1854 年黎曼（B. Riemann, 1826～1866）在"非欧几何"的思想基础上将 Euler, Gauss 等数学家的工作发扬光大，建立了更为广泛的几何学, 即 "**Riemann 几何**". 他在空间上引入了 **Riemann 度量**. 对于曲率为常数的空间, 称为常曲率空间. 在这种空间中, 当常曲率为零时, 这就是 Euclid 空间, 即过直线外一点, 能且只能有一条平行线; 当常曲率为正常数时, 则过 "**直线**" 外一点没有 "**平行线**"; 当常曲率为负数时, 则过 "**直线**" 外一点, 可以作多于一条的 "**平行线**".

由 "非欧几何" 思想为基础而建立起来的 "**Riemann 几何**", 开创了几何学甚至整个数学的新纪元, 其发展更是一日千里. 众所周知, 爱因斯坦 (A. Einstein, 1879~1955) 相对论正是以 "**Riemann 几何**" 作为其数学工具的.

经历了 2000 年的思索与努力, "非欧几何" 的产生的确是 "**数学中一步真正的进展**", 打破了 Euclid 几何的一统天下, 把已有的理论, Euclid 几何学, 从更高、更深的角度去理解它. 这种几何学不过是众多几何学中的一种, 从某种意义上讲, 这是最为简单的一种, 可以有很多种几何学来描写与刻画空间形式, Euclid 几何学是其中之一, 且是最为简单的一种. 由于 "非欧几何" 的产生, 把那些用陈旧的思想, 企图用其他公设、公理及定理来证明第五公设的一切做法 "**抛到一边**".

现在的大学数学基础课 "**微分几何**" 就是以微积分为工具初步介绍这些内容的.

在中学数学课程中, 还有一门课程叫 "**三角**". 这门课程与几何密切相关, 主要是讨论 6 个三角函数 $\sin x, \cos x, \cdots$ 等的相应关系与计算. 人们对三角学的研究可以追溯到公元 1、2 世纪, 当时为了研究天文学的需要, 已经为三角学奠定了基础, 例如已经有了类似于正弦及正弦表等. 经过了几百年的努力, 到 9、10 世纪, 三角函数的研究已系统化, 到 13 世纪, 球面三角也已基本完成. 因此, 现在中学学习的 "**三角学**", 其内容基本上在 1000 年前就形成了.

对 "**三角学**" 从更高、更深的角度来认识, 是由于复数的引入. 人们对复数的思考由来已久, 例如对方程 $x^2 + 1 = 0$ 的根思考, 但人们认真地将虚数 $\sqrt{-1} = i$ 引入数学已是 16 世纪的事了. 之后, 欧拉

（L. Euler，1707～1783）建立了著名的 **Euler** 公式 $e^{i\theta}=\cos\theta+i\sin\theta$，使得三角学中不少问题，都可归化为复数来讨论．于是使得三角学中一大批问题得以轻松地解决．

　　复数及 Euler 公式的引入，是"**数学中一步真正的进展**"，这成为"**更有力的工具和更简单的方法**"来处理三角学以及其他一些学科的问题，而有了复数与 Euler 公式，使得人们对三角学的已有理论的理解更为深刻，而可以把一些原始的、复杂的处理三角学的方法与工具"**抛到一边**"．

　　我还要重复一遍，尽管复数与 Euler 公式比三角学来得"高级"，但并不意味着中学课程可以不要学习三角学．因为 Euler 公式的建立需要更高深的数学，这是超出中学数学范畴的，而且三角学是一门非常实用的数学分支，在很多其他学科中都会用到．

　　可以将本节所讨论的内容简略画一个图形（如图 1.2）．

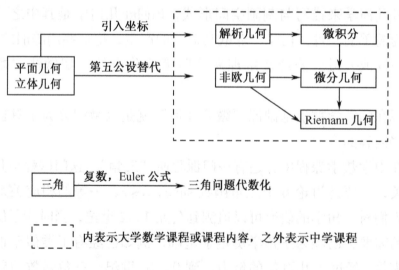

图 1.2

　　在这一节与上一节中，我们从 Hilbert 的那个著名讲演中的那段精辟论述出发，回顾了中、小学的数学课程，以及与后续的大学数学课程之间的关系，但必须说明两点：（1）一门学科的产生往往是有多方面的因素，我在这里往往只说了一个因素，而这个因素在我看来也许是主要因素之一. 如果要各种因素都说到, 对每一门学科都可以说很多话来讨论它的来源, 但这不是在这本小书中所能做到的, 而且反而冲淡了主题;（2）一门学科对其他学科的影响也是多方面的, 例如: 中学的"代数"课程, 从方程式的角度, 导致了**"线性代数"**及**"近世代数"**的产生, 但从排列组合的角度, 导致了**"组合数学"**的产生. 又例如:**"非欧几何"**的产生不仅导致**"Riemann 几何"**的诞生, 也引发了**"几何基础"**的深入讨论等.

## 1.4 三点启示

从上面的论述中, 我们能得到些什么启示呢?

你们也许已经发现, 导致**"数学中一步真正的进展"**的**"更有力的工具与更简单的方法"**往往是一些看来是十分简单明了的想法. 如从算术走向代数, 关键的一步是**"数学符号化"**, 同样由**"平面几何"**、**"立体几何"**走向**"解析几何"**, 关键的一步是**"引入坐标"**, 亦即将平面的点与数对一一对应, 正是由于这样看似简单的一步, 引发了**"数学中真正的进展"**. 而**"数学符号化"**、**"引入坐标"**都是花了千年的时间才产生的, 仔细想想, **"数字符号化"**比算术中的一道难题可能更易理解, **"数字符号化"**之后, 解算术难题则轻而易举. 记得我在小学学算术时, 感到很难. 例如鸡兔同笼问题. 在一个笼子中关有鸡与兔, 已知有多少个头, 多少个脚, 问有多少只鸡、多少只兔? 当时我实在感到很纳闷, 一是鸡与兔为何要关在一个笼子里? 二是既能数的清有多少个头、多少只脚, 为何数不清有多少只鸡, 多少只兔? 老师教我解鸡兔同笼问题的方法, 更使我感到难懂, 现已完全记不得了, 等到学了初中代数, 才明白这不过是解二元一次联立方程组的问题, 而解此方程组十分容易, 不论是鸡兔同笼或鸭狗同室, 都可用此法来解, 心中豁然开朗. 初中代数当然比小学算术来的**"高级"**, 但**"高级"**的却比**"低级"**的容易, 且**"高级"**的替代了**"低级"**的. 同样, **"引入坐标"**, 比平面几何中的一道难题的解可能更易理解, **"引入坐标"**之后解几何题则比较容易了. 一些几何的定理与习题, 往往不易理解与解答，如辅助线应该添在哪里？应该先证哪些线、角或三角形相等或全同？一些习题解起来甚至十分困难，如著名的九点圆定理等．但有了解析几何之后，将一些几何问题代数化，使相当一部分平面几何及立体几何的问题变得容易，而我们学习解析几何往往感到比学平面几何及立体几何来得容易．当然"**解析几何**"比"**平面几何**"及"**立体几何**"来得"**高级**"，但"**高级**"的却比"**低级**"的容易，而且是"**高级**"的可以替代"**低级**"的．再例如，人们知道了 Euler 公式 $e^{i\theta} = \cos\theta + i\sin\theta$ 之后，发现中学里学习的一大批三角公式与定理不过是这么简单公式的推论，而 Euler 公式十分简单，极易记住，倒是一些三角公式往往不易记住，而现在学习的三角课程中，它们的推导与证明往往很复杂，当然 Euler 公式比"**三角**"来得"**高级**"，但"**高级**"的却比"**低级**"的来得容易．

人们从小学一直到大学，读过的书叠在一起不知有多高，如果不是逐步用"**高级**"的来替代"**低级**"的，逐步忘掉一些被替代掉的旧知识，人们怎能记得住那么多！人们从上小学以来，年年学数学，这实际上就是一个以"**高级**"替代"**低级**"的过程，否则靠死记硬背，最后将会忘掉一切．

上述这些例子说明：一些"**高级**"的数学往往十分简单明了，更有概括性，极易记住，而相对而言一些较为"**低级**"的数学往往复杂，不易记住，所以我们第一个启示是："**高级**"**的数学未必难，"低级"的数学未必容易**．这是"**高**"、"**低**"与"**难**"、"**易**"之间的辩证关系．但是从上述这些论述中，更令人深思的是第二个启示：**重要的是要有创新思想**．"数字符号化"、"引入坐标"、"向量空间"即"**线性空间**"，"**线性变换**"即"**矩阵**"，"**第五公设的替代**"、"**群、域**"等想法的产生，这些看似简单的想法，却是了不起的创新思想．正是由于有了这种创新思想，才会有"**数学中一步真正的进展**"．否则即使是解决"**算术**"难题的能人，是做"**平面几何**"难题的高手，而无这种创新思想，那么难题做的再多，也不可能引发"**数学中一步真正的进展**"．当然，这种创新思想来之不易，往往经过几百年，以至上千年的积累才能形成，经过了长期的积累，走向成熟，就会有数学大师总结与提升前人的成果，而提出这种划时代的创新思想，这就是数学的历史．当然，一个划时代的创新思想的形成，往往是无数个各种水平的创新思想的积累所形成的．

当然，我这样说，并不是否定做一些算术、代数、几何与三角的难题．从培养学生学习数学的能力来看，让学生花太多时间来做太多的数学难题当然不必要，但适当地让学生做一些数学难题还是合适的，是对学习有好处的，且对培养创新思想也是有好处的，因为创新思想不是一天能培养出来的，是要日积月累，从量变到质变的过程．看看历史上那些大数学家，哪一位没有做过难题？从教学的角度，问题是在适量．至于中、小学老师，为了提高教学质量，对一些难题进行研究、分析与探讨，那是理所当然的事；从因材施教，提高同学们学习数学的兴趣与能力的角度，来举办一些数学活动，如"数学竞赛"等有意义的活动更是必要的了．从数学发展的历史角度与数学教育的角度来考虑问题，终究是不一样的．

在上述的论述中，除了上述两点启示外，还可以有以下第三点启示．

数学的历史也像一部战争史，往往是"**一将功成万骨枯**"！想想从"Euclid"的《原本》诞生之后，几千年来，不知有多少数学家前赴后继地企图用其他公设、公理及定理来证明第五公设，这些人都失败了，都默默无闻，数学史上不会记载他们的名字，实际上，他们牺牲了．但正是由于千千万万个无名数学家的牺牲，导致了 Gauss, Bolyai, Lobatchevsky 从另外的角度来处理这个问题，他们成功了，他们成了英雄．同样自从二次、三次以及四次一元代数方程式得到根式解后，几百年来，也不知有多少数学家前赴后继地企图找到五次及更高次一元代数方程的根式解，但他们都失败了，他们的牺牲，导致了 Lagrange, Abel 与 Galois 从新的角度来考察这个问题，名垂数学史．但他们的成功也是在几百年来许多默默无闻的数学家失败的基础上获得的，这也可以说是"一将功成万骨枯"！至于几千年来，那些企图用无刻度的直尺与圆规来解前面提到的古希腊三大作图难题的无数数学家们，他们更是全军覆没，全都牺牲了，这样的例子还可以举出很多．从这些数学的历史，启示我们，**我们应该如何来选择数学问题，如何来思考与处理数学问题，才能避免尽量少的牺牲，以获得成功**．

## 参考文献

[1]　Hilbert D. Gottinger Nachrichten, 1900, 253～297, 以及 The Bulletin of American Mathematical Society. 8, 1902, 437～445, 478～479

[2]　李文林. 数学史概论（第二版）. 北京：高等教育出版社，2002

[3]　Euclid. The thirteen books of the Elements, Trans from text of Heiberg with introduction and commentary by T. L. Heath, 3rds, Cambridge, 1908

# 第二讲　微积分的三个组成部分

## 2.1　微积分的主要矛盾

恩格斯在《反杜林论》中提出："**纯数学是以现实世界的空间形式和数量关系，也就是说，以非常现实的材料为对象的，这种材料以极度抽象的形式出现，这只能在表面上掩盖它起源于外部世界**"（《马克思恩格斯选集》第 3 卷，人民出版社，1995 年版，第 377 页）. 他明确地指出了数学科学所研究的对象. 尽管人们对"空间"及"数量"的概念及认识较之上一世纪已有了极大的扩充与深化，但恩格斯对数学科学所研究的对象的提法依然是正确的，仍为不少人所接受. 但是数学科学有十分众多的学科，随着时间的推移，新的数学学科不断地产生，要说清楚数学科学中各个学科所研究的对象是什么，恐怕不是一件容易的事情，即使就其中的一门学科来讨论其研究的对象是什么，对大多数学科来说，也会众说纷纭，很难取得共识. 但是，对微积分这门学科来说，它所研究的对象是什么，是早已解决了的，大概不会引起任何争议. 毛泽东在《矛盾论》中论述矛盾的特殊性时指出："**科学研究的区分，就是根据科学对象所具有的特殊的矛盾性. 因此，对于某一现象的领域所特有的某一种矛盾的研究，就构成某一科学的对象**". （《毛泽东选集》第 1 卷，人民出版社，1991 年版，第 309 页）. 因此，要说清楚某一门数学学科所研究的对象，等于要说清楚这门学科的主要矛盾是什么，而微积分这门学科是研究哪一种矛盾的，这在马列主义的一些经典著作中早已解决了的，不妨十分简单地回顾一下历史.

微积分是由牛顿（Isaac Newton, 1642~1727）及莱布尼茨（Got-tfried Wilhelm Leibniz, 1646~1716）所建立的. Newton 对微积分主要创作年代是在 1665 年至 1667 年之间，而发表其成果于 1687 年，1704

年及 1736 年，Leibniz 对微积分主要创作年代是在 1673 年至 1676 年之间，而发表其成果于 1684 年及 1686 年．也就是说，微积分建立于 17 世纪 60 年代至 70 年代．马克思与恩格斯的时代是微积分已经建立了近 200 年，并且在天文、力学、物理等多个方面获得了巨大成功，使整个自然科学发生了根本变化的时代，也是由微积分发展的第一阶段走向发展的第二阶段——微积分的严格化的时代（参阅本书第四讲）．正因为如此，马克思、恩格斯都对微积分给予了极大的关注与深入的研究．理解了当时的历史背景，可以有助于理解他们的一些经典著作中对微积分的种种论述，也许可以这样说，除了微积分，恐怕很难再举出一门数学学科能如此地受到马克思、恩格斯的如此多的关注与研究．以下举一些他们对微积分的论述.

从下面的两封信中，可以看出马克思是多么热衷于研究微积分.

1863 年 7 月 6 日马克思给恩格斯的信中说到："有空时我研究微积分，顺便说说，我有许多关于这方面的书籍，如果您愿意研究，我准备寄给您一本"（《马克思恩格斯全集》第 30 卷，人民出版社，1975 年版，第 357 页）．1865 年 5 月 20 日马克思给恩格斯的信中说到："在工作之余——当然不能老是写作——我就搞搞微分学 $\dfrac{\mathrm{d}x}{\mathrm{d}y}$，我没有耐心再去读别的东西，任何其他读物总是把我赶回写字台来"（《马克思恩格斯全集》第 31 卷，人民出版社，1972 年版，第 124 页）．从下面另一封马克思给恩格斯的信中可以看出，马克思对如何来完善微积分的理论给予了关注与研究．1882 年 11 月 22 日马克思给恩格斯的信中说到："我未尝不可用同样的态度去对待所谓微分方法本身的全部发展——这种方法始于牛顿和莱布尼茨的神秘方法，继之以达兰贝尔和欧拉的唯理论的方法，终于拉格朗日的严格的代数方法（但始终是从牛顿-莱布尼茨的原始的基本原理出发的），——我未尝不可以用这样的话去对待分析的这一整个发展过程，说它在利用几何方法于微分学方面，也就是使之几何形象化方面，实际上并未引起任何实质性的改变"（《马克思恩格斯全集》第 35 卷，人民出版社，1971 年版，第 110 页）．在恩格斯撰写的《资本论》第二卷序言中，说到马克思在 "1870

年以后又有一个间歇时间，这主要是由马克思的病情造成的，他照例利用这类时间进行各种研究，……最后还有自然科学，如地质学和生理学，特别是独立的数学研究，成了这个时期的许多札记本的内容"（《马克思恩格斯全集》第 24 卷，人民出版社，1972 年版，第 7～8 页）. 现在我们能见到马克思在数学上的研究，除了散见在他的各种著作中之外，比较集中的是他的《数学手稿》（人民出版社，1975 年版），其中绝大部分的内容是论述微积分的. 而当时的历史背景是：由于微积分的理论有不完善之处以至维护与批评微积分的两种对立的势力进行着激烈的斗争，以至马克思的相当一部分关于微积分的论述都是在为维护与完善微积分作努力. 马克思本人十分重视他的数学研究，主要是对微积分的研究. 1883 年 6 月 24 日恩格斯在致劳拉·拉法格的信中说到马克思委托后人处理他的文稿，"并关心出版那些应该出版的东西，特别是第二卷和一些数学著作"（《马克思恩格斯全集》第 36 卷，人民出版社，1975 年版，第 42 页）. 这里，第二卷指的是后来编成的《资本论》第二卷与第三卷，而马克思却将他的数学著作与之放到一起，认为是应该出版的东西，可见，他是多么重视他的数学著作.

恩格斯高度评价马克思的数学研究，尤其是微积分研究的成就. 1881 年，马克思曾将他的部分有关微积分的数学手稿誊清后寄给恩格斯，恩格斯仔细阅读了这份手稿，于 1881 年 8 月 18 日写信给马克思，说到："昨天我终于鼓起勇气，没用参考书便研究了您的数学手稿，我高兴地看到，我用不着其他书籍，为此，我向您祝贺"（《马克思恩格斯全集》第 35 卷，人民出版社，1971 年版，第 21 页）. 在《反杜林论》中，恩格斯说："马克思是精通数学的"（《马克思恩格斯选集》第三卷，人民出版社，1995 年版，第 349 页）. 恩格斯在《在马克思墓前的讲话》中还说到："但是马克思在他所研究的每一个领域，甚至数学领域，都有独到的发现，这样的领域是很多的，而且其中任何一个领域他都不是浅尝辄止"（《马克思恩格斯选集》第三卷，人民出版社，1995 年版，第 776～777 页）. 恩格斯本人在他的著作中，大量论述了数学，尤其是微积分，特别在他的《反杜林论》以及《自然辩证法》这两部著作中，更是深刻地、系统地论述了微积分．恩格斯在《反杜林论》第二版的序言中写到："目前我只好满足于本书所作的概述，等将来有机会再把所获得的成果汇集发表，或许同马克思所遗留下来的极其重要的数学手稿一起发表"（《马克思恩格斯选集》第 3 卷，人民出版社，1995 年版，第 351 页）．后来由于种种原因并未实现．关于恩格斯对微积分的大量论述，在这里只是摘引其中的两段．在《反杜林论》中，恩格斯说到："**因为辩证法突破了形式逻辑的狭隘界限，所以它包含着更广的世界观的萌芽，在数学中也存在着同样的关系．初等数学，即常数的数学，是在形式逻辑的范围内活动的，至少总的说来是这样，而变数的数学——其中最重要的部分是微积分——本质上不外是辩证法在数学方面的运用**"（《马克思恩格斯选集》第三卷，人民出版社，1995 年版，第 477 页）．在这里恩格斯十分明确地指出：微积分本质上不外是辩证法在数学方面的运用．在《自然辩证法》中，恩格斯说："**数学中的转折点是笛卡儿的变数，有了变数，运动进入了数学，有了变数，辩证法进入了数学，有了变数，微分和积分也就立刻变成了必要的了，而它们也就立刻产生，并且是由牛顿和莱布尼茨大体上完成的，但不是由他们发明的**"（《马克思恩格斯全集》第 20 卷，人民出版社，1971 年版，第 602 页）．这段话实际上阐述了微积分产生的历史过程．

到了列宁时代，微积分已经完成了它的发展的第二阶段，即严格化的阶段．微积分的理论日臻完善，已普遍为大家所接受．列宁本人，他也有不少关于数学的论述．他在 1915 年写的《谈谈辩证法问题》一文中，在论及自然科学中的矛盾时，十分明确地指出："**在数学中加号和减号，微分和积分；在力学中，作用与反作用；在物理中，正电和负电；在化学中，原子的化合和分解；在社会科学中，阶级斗争**"（《列宁选集》第 2 卷，人民出版社，1995 年版，第 556 页）．这段话，毛泽东在《矛盾论》中论及矛盾的普遍性时，全文加以引用（《毛泽东选集》第 1 卷，人民出版社，1991 年版，第 306 页）．在这里列宁十分明确地指出了：微积分这门学科是研究微分和积分这对矛盾的学问，也就是说：**微积分这门学科中，主要矛盾是微分和积分的矛盾**.

## 2.2　一元微积分的三个组成部分

马克思、恩格斯以及列宁有关微积分的一些论述，是我们认识与研究微积分的指导思想，有了这个认识之后，就决定了**微积分这门学科的内容是由三部分组成，即微分、积分、指出微分与积分是一对矛盾的微积分基本定理这三个部分所组成**. 微分的部分与积分的部分都易于理解，而对于第三部分，指出微分与积分是一对矛盾的微积分基本定理，也许要多说几句，先从一元微积分说起.

微分与积分的思想古已有之，例如：阿基米德（Archimedes，公元前 287 ~公元前 212）于公元前就已经知道如何求抛物线、弓形的面积、螺线的切线等. 刘徽于公元 3 世纪在他的割圆术中，就是用无穷小分割来求面积的，等等. 由于长期的积累，在 Newton 与 Leibniz 之前，已经有了大量的微积分的先驱性的工作，这为微积分的产生作了准备. 例如：人们已经知道如何求曲线 $y = x^n$（其中 $n$ 为正整数）的切线及它所覆盖的曲边梯形的面积等.（有关于微积分产生前的历史将在第四讲中谈到.）但是所有这些还不能说建立了微积分，直到 Newton 与 Leibniz 证明了如下的微积分基本定理，才标志着微积分的诞生. 因此，这个基本定理也叫 Newton-Leibniz 公式.

**微积分基本定理(微分形式)**　设函数 $f(t)$ 在区间 $[a,b]$ 上连续，$x$ 是 $[a,b]$ 中的一个内点，令

$$\Phi(x) = \int_a^x f(t)\mathrm{d}t \quad (a < x < b)$$

则 $\Phi(x)$ 在 $[a,b]$ 上可微，并且

$$\Phi'(x) = f(x) \quad (a < x < b)$$

即

$$\mathrm{d}\Phi(x) = f(x)\mathrm{d}x$$

换句话说，若 $f(x)$ 的积分是 $\Phi(x)$，则 $\Phi(x)$ 的微分就是 $f(x)\mathrm{d}x$，即 $f(x)$ 的积分的微分就是 $f(x)$ 自己乘上 $\mathrm{d}x$，也就是反映整体性质的积分

$$\Phi(x) = \int_a^x f(t)\mathrm{d}t$$

是由反映局部性质的微分

$$\mathrm{d}\Phi(x) = f(x)\mathrm{d}x$$

所决定.

**微积分基本定理(积分形式)** 设 $\Phi(x)$ 是在 $[a,b]$ 上可微,且

$$\frac{\mathrm{d}\Phi(x)}{\mathrm{d}x}$$

等于连续函数 $f(x)$,那么成立着

$$\int_a^x f(t)\mathrm{d}t = \Phi(x) - \Phi(a) \quad (a \leqslant x \leqslant b)$$

换句话说,若 $\Phi(x)$ 的微分是 $f(x)\mathrm{d}x$,则 $f(x)$ 的积分就是 $\Phi(x)$,即 $\Phi(x)$ 的微商的积分就是 $\Phi(x)$ 自己(或相差一常数). 也就是,作为反映局部性质的微分 $f(x)\mathrm{d}x$,是由作为反映整体性质的积分

$$\Phi(x) - \Phi(a) = \int_a^x f(t)\mathrm{d}t$$

所规定.

这条定理所以叫做微积分基本定理,是因为这条定理明确指出:微分与积分互为逆运算,也就是指出微分与积分是对矛盾,这时也只有在这时,才算建立了微积分这门学科. 所以在上一节曾引用过的恩格斯在论述微积分产生过程时的那段话. 他说微积分"**是由牛顿和莱布尼茨大体上完成的,但不是由他们发明的**". 他说"不是由他们发明的"是指:在 Newton 和 Leibniz 之前,微分与积分的思想早已有之;说"是由牛顿和莱布尼茨大体上完成的"是指:他们建立了微积分基本定理,指出微分与积分是一对矛盾,从此微积分成了一门独立的学科,而不再像以前那样作为几何学的延伸,而求微分与积分的问题,尤其是求积分的问题,不再是一个一个问题地来处理,而有了统一的处理方法;说"大体上"是指:他们建立起来的微积分这门学科还有不完善之处,还没有建立牢固的基础,一些解说不能令人满意. 这方面将在第四讲中进一步阐述.

为了进一步认识这条基本定理的重要性,不妨回顾一下大家十分

熟悉的一元微积分的微分与积分的定义

在微积分一开始,就有微分与积分的定义.若 $f(x)$ 在 $[a,b]$ 上连续, $x_0$ 是 $[a,b]$ 中的一内点,若极限

$$\lim_{\Delta x \to 0} \frac{f(x_0 + \Delta x) - f(x_0)}{\Delta x}$$

对任意的 $\Delta x \to 0$ 都存在,则称此为 $f(x)$ 在点 $x = x_0$ 处的导数,记做

$$\frac{\mathrm{d}f(x_0)}{\mathrm{d}x} \text{ 或 } f'(x_0)$$

称 $f'(x_0)\mathrm{d}x$ 为 $f$ 在 $x = x_0$ 处的微分.由此可见导数与微分是函数的局部性质,即只与 $x = x_0$ 这一点的近旁有关.

在 $[a,b]$ 中取 $n - 1$ 个点 $x_1, \cdots, x_{n-1}$,且令 $a = x_0, b = x_n, a = x_0 < x_1 < x_2 < \cdots < x_{n-1} < x_n = b, \Delta x_i = x_i - x_{i-1}, \xi_i$ 为 $[x_i, x_{i-1}]$ 中任一点,作和 $S_n = \sum_{i=1}^{n} f(\xi_i)\Delta x_i$,若 $\lambda = \max \Delta x_i$,令 $n \to \infty, \lambda \to 0$,如果 $\lim_{n \to \infty, \lambda \to 0} S_n$ 存在,且对各种不同的取点得到的值都一样,则称 $f(x)$ 在 $[a,b]$ 上 Riemann 可积,且记极限值为

$$\int_a^b f(x)\mathrm{d}x$$

而 $S_n$ 称为 Riemann 和.

上述的微、积分的定义是大家十分熟悉的,现在来考虑最为简单的函数: $y = x^m$,其中 $m$ 为正整数,区域为 $[0,1]$.现在按照上述定义来求导数及积分,对 $y = x^m$ 求导数,这就要用到二项式定理,但是人们得到二项式定理已是很后的事了.至于对 $y = x^m$ 在 $[0,1]$ 上求积分,先看 $m = 2$ 的情形,这时将 $[0,1]$ 进行 $n$ 等分,取 $\xi_i = x_{i-1}$,则

$$S_n = \frac{1}{n}\left[\left(\frac{1}{n}\right)^2 + \left(\frac{2}{n}\right)^2 + \cdots + \left(\frac{n-1}{n}\right)^2\right]$$

$$= \frac{1}{n^3}[1^2 + 2^2 + \cdots + (n-1)^2]$$

$$= \frac{1}{n^3} \frac{(n-1)n(2n-1)}{6}$$

$$= \frac{1}{6}\left(1 - \frac{1}{n}\right)\left(2 - \frac{1}{n}\right) \to \frac{1}{3}$$

于是求积分的问题化为求和：$1^2 + 2^2 + \cdots + (n-1)^2$ 的问题.同样,当 $m = 3$ 时,求 $y = x^3$ 的积分的问题化为求和 $1^3 + 2^3 + \cdots + (n-1)^3$,当然这个和还是可以计算出来的.至于当 $m$ 取一般的正整数时,如果继续用上述的取点办法,那么对 $y = x^m$ 在 $[0,1]$ 上求积分的问题就化为求和 $1^m + 2^m + \cdots + (n-1)^m$ 的问题了,要求出这个和是不易之事,于是不妨想办法来改变在 $[0,1]$ 中取点的办法. 来讨论更一般的问题:求 $y = x^m$,$m$ 为正整数,在 $[a,b]$ 上的积分,这里 $0 < a < b$,令 $OC = a$,$OD = b$,在 $C,D$ 之间取点 $M_1,\cdots,M_{n-1}$,使得 $OM_1 = aq$,$OM_2 = aq^2$,$\cdots$,$OM_n = aq^n$,这里 $M_n = D$,且令

$$C = M_0, \quad q = \sqrt[n]{\frac{b}{a}}$$

这样得到了 $[a,b]$ 之间的一个不等距的分割,而 $N_k$ 点为在 $y = x^m$ 上当 $x = OM_k$ 的点,$N_k M_k$ 之长为 $(aq^k)^m$,$P_k$ 点为由 $N_{k-1}$ 点出发与 $x$ 轴相平行交于 $N_k M_k$ 的点(见图 2.1).

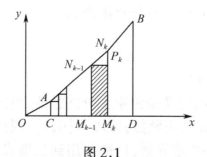

图 2.1

于是矩形 $M_{k-1} N_{k-1} P_k M_k$ 的面积为

$$(aq^k - aq^{k-1})(aq^{k-1})^m = (q-1)(aq^{k-1})^{m+1}$$

把这些矩形的面积加起来就得到由 $y = x^m$ 在 $[a,b]$ 上所得的曲边梯形的近似值

$$S_n = (q-1)(aq^{1-1})^{m+1} + (q-1)(aq^{2-1})^{m+1} + \cdots + (q-1)(aq^{n-1})^{m+1}$$

$$= (q-1)a^{m+1}(1 + q^{m+1} + \cdots + q^{(m+1)(n-1)})$$

$$= (q-1)a^{m+1}\frac{q^{(m+1)n} - 1}{q^{m+1} - 1}$$

而 $q^n = \dfrac{b}{a}$，所以

$$S_n = a^{m+1} \frac{\left(\dfrac{b}{a}\right)^{m+1} - 1}{\dfrac{q^{m+1} - 1}{q - 1}}$$

但是这样的不等距的分点法,当分点越来越多,即越分越细时,每一小段的长都趋于零.因此,当 $n \to \infty$ 时,$q$ 显然趋于 1,

$$\frac{q^{m+1} - 1}{q - 1} \to m + 1$$

于是

$$S_n \to \frac{b^{m+1} - a^{m+1}}{m + 1}$$

因此

$$\int_a^b x^m \mathrm{d}x = \frac{b^{m+1} - a^{m+1}}{m + 1}$$

当 $m$ 为正整数,$0 < a < b$ 时成立.

由上述的例子可以看出,如果按照原有的定义来求微分与积分,尤其是求积分,即使像 $y = x^m$, $m$ 为正整数,这样简单的函数,一般来说,都是不容易的.在上述例子中,为了要求 $y = x^m$ 的积分,要取不等距的分点,然后来求和的极限,想到这点就很不容易,而对于别的函数,就要想出针对这个函数的办法来求积分,即使将和的极限求出来,也无法证明:如用别的取点法得到的和的极限是否是一样的.这就是在 Newton 与 Leibniz 建立微积分基本定理前的情形.有了微积分基本定理后,就不要这样做了,由于微分、积分是一对矛盾,互为逆运算,以至求函数 $f(x)$ 的积分,只要求微分的逆运算就可以了,即只要求 $\Phi(x)$,使得 $\Phi'(x) = f(x)$,那么,$\Phi(x)$ 就是 $f(x)$ 的积分了.如上例中 $y = x^m$,只要求 $\Phi(x)$,使得 $\Phi'(x) = x^m$ 即可,这是易于得到的.有了这基本定理就不必对一个个的函数在区间上取分点,然后想各种办法来求和的极限了,这种做法都可以抛到一边了,更不必担心取不同的分点方法,相应的和的极限是否相同了.

这就是微积分基本定理的历史与现实的意义.

## 2.3　多元微积分的三个组成部分

上一节探讨了一元微积分的三个组成部分,尤其是反映微分与积分是微积分中的主要矛盾的微积分定理. 在这一节中要探讨高维空间的情形.

在高维空间上讨论微积分,或多元微积分,比起一元微积分来,情况当然要略为复杂一些. 但微分与积分这对矛盾依然是多元微积分的主要矛盾,而其内容依然有三个组成部分,即:微分、积分、指出微分与积分是对矛盾的微积分基本定理. 微分与积分这两部分易于理解,到了高维空间,只是将一元微积分中的导数及微分推广成偏导数、方向导数与全微分,将积分推广成重积分、线积分、面积分等,这些推广是十分自然的. 那么,什么是高维空间中的微积分基本定理? 要回答并说清楚这个问题,还得费些口舌.

在大学学习的多元微积分,主要是指在三维 Euclid 空间中讨论的微积分,而在这空间中揭示微分与积分是一对矛盾是由以下三个定理(或称公式)来体现的.

**格林(George Green,1793～1841)定理(或称格林公式)**　设 $D$ 是 $xy$ 平面上封闭曲线 $L$ 围成的区域,且函数 $P(x,y)$ 和 $Q(x,y)$ 在 $D$ 上有一阶连续偏导数,则

$$\int_L P\mathrm{d}x + Q\mathrm{d}y = \iint_D \left(\frac{\partial Q}{\partial x} - \frac{\partial P}{\partial y}\right)\mathrm{d}x\mathrm{d}y$$

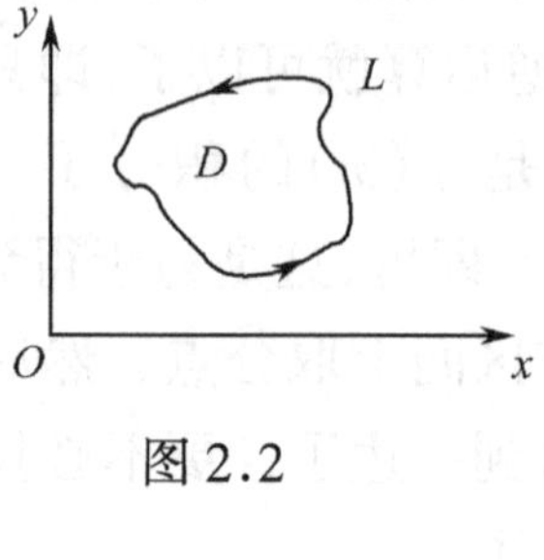

图 2.2

这里 $\int_L$ 表示沿 $L$ 逆时针方向的线积分(见图 2.2).

斯托克斯(George Gabril Stokes, 1819～1903)定理(或称斯托克斯公式) 设空间曲面 $\Omega$ 的边界是封闭曲线 $L$,若 $P(x,y,z)$, $Q(x,y,z)$ 及 $R(x,y,z)$ 有一阶连续偏导数,则

$$\int_L P\mathrm{d}x + Q\mathrm{d}y + R\mathrm{d}z$$

$$= \iint_\Omega \left(\frac{\partial R}{\partial y} - \frac{\partial Q}{\partial z}\right)\mathrm{d}y\mathrm{d}z + \left(\frac{\partial P}{\partial z} - \frac{\partial R}{\partial x}\right)\mathrm{d}z\mathrm{d}x + \left(\frac{\partial Q}{\partial x} - \frac{\partial P}{\partial y}\right)\mathrm{d}x\mathrm{d}y$$

这里 $\int_L$ 表示沿图 2.3 中的方向的线积分.

高斯(Carl Friedrich Gauss, 1777～1855)定理(或称高斯公式或称奥斯特罗格拉茨基(Michel Ostrogradsky, 1801～1862)公式) 设 $V$ 是空间封闭曲面 $\Omega$ 所围成的闭区间.函数 $P(x,y,z)$, $Q(x,y,z)$ 及 $R(x,y,z)$ 在 $V$ 上有一阶连续偏导数,则

$$\iint_{\Omega_{外}} P\mathrm{d}y\mathrm{d}z + Q\mathrm{d}z\mathrm{d}x + R\mathrm{d}x\mathrm{d}y = \iiint_V \left(\frac{\partial P}{\partial x} + \frac{\partial Q}{\partial y} + \frac{\partial R}{\partial z}\right)\mathrm{d}V$$

这里 $\Omega_{外}$ 表示曲面 $\Omega$ 的定向为法线向外, $\mathrm{d}V$ 为 $V$ 的体积元素 (见图 2.4).

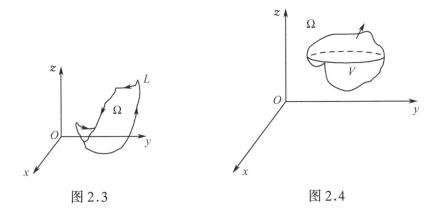

图 2.3                    图 2.4

这三条定理 (或称公式) 是任何多元微积分的书中必讲的. 这三条定理都是说函数在区域边界上的积分与在区域内部积分的关系. 为

什么说，这三条定理是三维 Euclid 空间中的微积分的基本定理？在这三维 Euclid 空间中，除了这三条刻画函数在区域边界上的积分与区域内部积分的关系的定理外，还有没有可能有更多这样的定理？这三条定理与一元微积分中的微积分基本定理到底有什么关系？要回答并说清楚这些问题，必须要用到外微分形式.

要严格地定义什么是外微分形式，得用很多篇幅，而这个方面的书籍已经很多，如作为经典作之一的有德·拉姆（Georges William de Rham）写的书[1]等，在这里只作一个通俗而不严格的简要介绍.

要讲外微分形式，必须先讲**定向**的概念，法国著名的拓扑学家托姆（R. Thom, 1923~）教授，曾经对吴文俊教授表达过这样的意见：**定向概念是几何拓扑中最有深刻意义的伟大创造之一.**[2]

我们讨论线积分、面积分时，它们的积分区域都是有方向的，把一重积分、二重积分看作线积分、面积分的特殊情形，则它们的积分区域也是有方向的，同样对三重积分也可以定向. 例如：一条曲线 $L$ 的端点分别为 $A$ 与 $B$，那么对它有两种定向的办法，或是由 $A$ 到 $B$，或是由 $B$ 到 $A$. 有了定向之后，从 $A$ 到 $B$ 的线积分与从 $B$ 到 $A$ 的线积分，这两者就相差一符号：

$$\int_b^a f(x)\mathrm{d}x = -\int_a^b f(x)\mathrm{d}x$$

关于曲面，如何来定向. 假设所讨论的曲面可以分为内外两侧，也就是法线从一点出发连续移动，当回到原来的位置时，法线的方向不变，于是可以有法线向外或向内两种定向的方法，而这样的曲面称为是可定向的. 值得注意的是，的确存在这样的曲面，它只有一侧，即法线从一点出发走了一圈路后回到原来的位置时，法线的方向指向另一面了. 例如，把一矩形纸条 $ABCD$ 的一对对边拧转粘上（见图 2.5），这样的曲面就无法分出内外侧了，这样的曲面称为不可定向的. 我们不讨论这样的曲面，而只讨论可定向的曲面. 在曲面定向后，不同方向的积分值差一符号，也就是曲面的面积元素在定向之后有正有负，对三维空间中的区域，也可给予定向. 正如吴文俊教授[2]所指出的：**多重积分的体积元素应有正负定向是大数学家 Poincaré 于 19 世纪**

**末指出的，这一看似平凡的看法使得多元微积分产生了根本性的变革.**

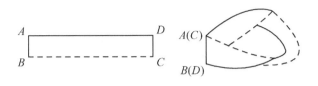

图 2.5

再回忆二重积分的下述定义:如 $f(x,y)$ 在区域 $D$ 中有定义,则

$$\iint_D f(x,y)\mathrm{d}A = \lim\sum f(\xi_i,\eta_i)\Delta A_i,$$

这里将区域 $D$ 用平行于 $x$ 轴及平行于 $y$ 轴的平行线分割成很多小的区域,将这些小区域记作 $\Delta A_i$,$(\xi_i,\eta_i)$ 为其中的一点,$\Delta A_i$ 的面积仍记为 $\Delta A_i$,$\lim$ 取为使得所有的 $\Delta A_i$ 收缩为一点. 如果上式右边的极限对任意分割方法都存在且相等,则记作上式左边的二重积分(见图 2.6).

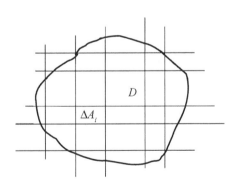

图 2.6

如果对 $D$ 没有定向,那么总假定 $\Delta A_i$ 都是正的. 因此,如果进行变数变换

$$\begin{cases} x = x(u,v) \\ y = y(u,v) \end{cases}$$

则

$$dA = dxdy = \left| \frac{\partial(x,y)}{\partial(u,v)} \right| dudv$$

于是

$$\iint_D f(x,y)dxdy = \iint_{D'} f(x(u,v),y(u,v)) \left| \frac{\partial(x,y)}{\partial(u,v)} \right| dudv$$

即为了保持面积元素还是正的，必须对雅可比行列式取绝对值，这里 $D'$ 是由 $D$ 经过变换

$$\begin{cases} x = x(u,v) \\ y = y(u,v) \end{cases}$$

的逆变换得到的区域. 但是，如果 $D$ 是已经定向了的曲面，由于面积元素本来可正可负，所以就没有必要对雅可比行列式取绝对值了，即此时

$$\iint_D f(x,y)dxdy = \iint_{D'} f(x(u,v),y(u,v)) \frac{\partial(x,y)}{\partial(u,v)} dudv$$

这里 $D'$ 当然也是已定向的曲面了，于是

$$dxdy = \frac{\partial(x,y)}{\partial(u,v)} dudv = \begin{vmatrix} \frac{\partial x}{\partial u} & \frac{\partial x}{\partial v} \\ \frac{\partial y}{\partial u} & \frac{\partial y}{\partial v} \end{vmatrix} dudv$$

从这里可以得到：

（i）如果取 $y = x$，则

$$dxdx = \begin{vmatrix} \frac{\partial x}{\partial u} & \frac{\partial x}{\partial v} \\ \frac{\partial x}{\partial u} & \frac{\partial x}{\partial v} \end{vmatrix} dudv = 0$$

（ii）如果将 $x$，$y$ 对换，则

$$\mathrm{d}y\mathrm{d}x = \frac{\partial(y,x)}{\partial(u,v)}\mathrm{d}u\mathrm{d}v = \begin{vmatrix} \dfrac{\partial y}{\partial u} & \dfrac{\partial y}{\partial v} \\[2mm] \dfrac{\partial x}{\partial u} & \dfrac{\partial x}{\partial v} \end{vmatrix}\mathrm{d}u\mathrm{d}v$$

$$= - \begin{vmatrix} \dfrac{\partial x}{\partial u} & \dfrac{\partial x}{\partial v} \\[2mm] \dfrac{\partial y}{\partial u} & \dfrac{\partial y}{\partial v} \end{vmatrix}\mathrm{d}u\mathrm{d}v = -\mathrm{d}x\mathrm{d}y$$

所以此时 $\mathrm{d}y\mathrm{d}x \neq \mathrm{d}x\mathrm{d}y$，也就是说，$\mathrm{d}x,\mathrm{d}y$ 在乘积中的次序不能颠倒，如要颠倒，就要相差一符号.

满足上述两条规则的微分乘积称为微分的**外乘积**，为了表示与普通乘积不一样，用记号 $\mathrm{d}x \wedge \mathrm{d}y$ 来记它，即：

$\mathrm{d}x \wedge \mathrm{d}x = 0$ （两个相同微分的外乘积为零）；

$\mathrm{d}x \wedge \mathrm{d}y = -\mathrm{d}y \wedge \mathrm{d}x$ （两个不同微分的外乘积交换次序后相差一符号）.

当然 $\mathrm{d}x \wedge \mathrm{d}x = 0$ 是 $\mathrm{d}x \wedge \mathrm{d}y = -\mathrm{d}y \wedge \mathrm{d}x$ 的推论.

从这里可以看出：当积分区域定向之后，引入微分的外乘积是顺理成章的事.

由微分的外乘积乘上函数组成的微分形式，称为**外微分形式**，若 $P$, $Q$, $R$, $A$, $B$, $C$, $H$ 都是 $x$, $y$, $z$ 的函数，则

$$P\mathrm{d}x + Q\mathrm{d}y + R\mathrm{d}z$$

为一次外微分形式（由于一次没有外乘积，所以与普通的微分形式是一样的）；

$$A\mathrm{d}x \wedge \mathrm{d}y + B\mathrm{d}y \wedge \mathrm{d}z + C\mathrm{d}z \wedge \mathrm{d}x$$

为二次外微分形式；

$$H\mathrm{d}x \wedge \mathrm{d}y \wedge \mathrm{d}z$$

为三次外微分形式；把 $P$, $Q$, $R$, $A$, $B$, $C$, $H$ 等称为外微分形式的系数，而称函数 $f$ 为 0 次外微分形式.

对任意两个外微分形式 $\lambda$ 与 $\mu$，也可以定义外乘积 $\lambda \wedge \mu$，只要相

应的各项外微分进行外乘积就可以了. 例如 $A$, $B$, $C$, $E$, $F$, $G$, $P$, $Q$ 与 $R$ 都是 $x$, $y$, $z$ 的函数，且

$$\lambda = A\mathrm{d}x + B\mathrm{d}y + C\mathrm{d}z$$

$$\mu = E\mathrm{d}x + F\mathrm{d}y + G\mathrm{d}z$$

$$\nu = P\mathrm{d}y \wedge \mathrm{d}z + Q\mathrm{d}z \wedge \mathrm{d}x + R\mathrm{d}x \wedge \mathrm{d}y$$

则

$$\begin{aligned}
\lambda \wedge \mu &= (A\mathrm{d}x + B\mathrm{d}y + C\mathrm{d}z) \wedge (E\mathrm{d}x + F\mathrm{d}y + G\mathrm{d}z) \\
&= AE\mathrm{d}x \wedge \mathrm{d}x + BE\mathrm{d}y \wedge \mathrm{d}x + CE\mathrm{d}z \wedge \mathrm{d}x \\
&\quad + AF\mathrm{d}x \wedge \mathrm{d}y + BF\mathrm{d}y \wedge \mathrm{d}y + CF\mathrm{d}z \wedge \mathrm{d}y \\
&\quad + AG\mathrm{d}x \wedge \mathrm{d}z + BG\mathrm{d}y \wedge \mathrm{d}z + CG\mathrm{d}z \wedge \mathrm{d}z
\end{aligned}$$

由微分的外乘积的定义，有

$$\mathrm{d}x \wedge \mathrm{d}x = \mathrm{d}y \wedge \mathrm{d}y = \mathrm{d}z \wedge \mathrm{d}z = 0$$

$$\mathrm{d}y \wedge \mathrm{d}x = - \mathrm{d}x \wedge \mathrm{d}y,$$

$$\mathrm{d}z \wedge \mathrm{d}y = - \mathrm{d}y \wedge \mathrm{d}z,$$

$$\mathrm{d}x \wedge \mathrm{d}z = - \mathrm{d}z \wedge \mathrm{d}x$$

所以

$$\begin{aligned}
\lambda \wedge \mu &= (BG - CF)\mathrm{d}y \wedge \mathrm{d}z + (CE - AG)\mathrm{d}z \wedge \mathrm{d}x \\
&\quad + (AF - BE)\mathrm{d}x \wedge \mathrm{d}y
\end{aligned}$$

同样可得

$$\begin{aligned}
\lambda \wedge \nu &= (A\mathrm{d}x + B\mathrm{d}y + C\mathrm{d}z) \wedge (P\mathrm{d}y \wedge \mathrm{d}z + Q\mathrm{d}z \wedge \mathrm{d}x + R\mathrm{d}x \wedge \mathrm{d}y) \\
&= (AP + BQ + CR)\mathrm{d}x \wedge \mathrm{d}y \wedge \mathrm{d}z
\end{aligned}$$

有了外微分形式的外乘积，立刻可得：外微分的外乘积满足分配律及结合律，即如果 $\lambda$, $\mu$, $\nu$ 是任意三个外积分形式，则

(1) $$(\lambda + \mu) \wedge \nu = \lambda \wedge \nu + \mu \wedge \nu$$

$$\lambda \wedge (\mu + \nu) = \lambda \wedge \mu + \lambda \wedge \nu$$

(2) $$\lambda \wedge (\mu \wedge \nu) = (\lambda \wedge \mu) \wedge \nu$$

当然，外微分形式的外乘积不满足交换律，而满足

(3) 若 $\lambda$ 为 $p$ 次外微分形式，$\mu$ 为 $q$ 次外微分形式，则

$$\mu \wedge \lambda = (-1)^{pq} \lambda \wedge \mu$$

按照 (1) $\mathrm{d}x \wedge \mathrm{d}x = 0$, (2) $\mathrm{d}x \wedge \mathrm{d}y = -\mathrm{d}y \wedge \mathrm{d}x$ 的规律进行的外乘积, 实际上以前我们已遇到过. 例如: 两个向量 $a$, $b$ 的外乘积 (向量积) 就是服从这个规律的, 即 $a \times a = 0$, $a \times b = -b \times a$, 所以对微分进行外乘积就好像对向量进行向量积.

对外微分形式 $\omega$, 可以定义**外微分算子**如下:

对于零次外微分形式, 即函数 $f$, 定义

$$\mathrm{d}f = \frac{\partial f}{\partial x}\mathrm{d}x + \frac{\partial f}{\partial y}\mathrm{d}y + \frac{\partial f}{\partial z}\mathrm{d}z$$

即是普通的全微分算子.

对于一次外微分形式

$$\omega = P\mathrm{d}x + Q\mathrm{d}y + R\mathrm{d}z$$

定义

$$\mathrm{d}\omega = \mathrm{d}P \wedge \mathrm{d}x + \mathrm{d}Q \wedge \mathrm{d}y + \mathrm{d}R \wedge \mathrm{d}z$$

即对 $P$, $Q$, $R$ 进行外微分, 然后进行外乘积. 由于

$$\mathrm{d}P = \frac{\partial P}{\partial x}\mathrm{d}x + \frac{\partial P}{\partial y}\mathrm{d}y + \frac{\partial P}{\partial z}\mathrm{d}z$$

$$\mathrm{d}Q = \frac{\partial Q}{\partial x}\mathrm{d}x + \frac{\partial Q}{\partial y}\mathrm{d}y + \frac{\partial Q}{\partial z}\mathrm{d}z$$

$$\mathrm{d}R = \frac{\partial R}{\partial x}\mathrm{d}x + \frac{\partial R}{\partial y}\mathrm{d}y + \frac{\partial R}{\partial z}\mathrm{d}z$$

所以

$$\mathrm{d}\omega = \left(\frac{\partial P}{\partial x}\mathrm{d}x + \frac{\partial P}{\partial y}\mathrm{d}y + \frac{\partial P}{\partial z}\mathrm{d}z\right) \wedge \mathrm{d}x + \left(\frac{\partial Q}{\partial x}\mathrm{d}x + \frac{\partial Q}{\partial y}\mathrm{d}y + \frac{\partial Q}{\partial z}\mathrm{d}z\right) \wedge \mathrm{d}y$$

$$+ \left(\frac{\partial R}{\partial x}\mathrm{d}x + \frac{\partial R}{\partial y}\mathrm{d}y + \frac{\partial R}{\partial z}\mathrm{d}z\right) \wedge \mathrm{d}z$$

经过整理, 得到

$$\mathrm{d}\omega = \left(\frac{\partial R}{\partial y} - \frac{\partial Q}{\partial z}\right)\mathrm{d}y \wedge \mathrm{d}z + \left(\frac{\partial P}{\partial z} - \frac{\partial R}{\partial x}\right)\mathrm{d}z \wedge \mathrm{d}x$$

$$+ \left(\frac{\partial Q}{\partial x} - \frac{\partial P}{\partial y}\right)\mathrm{d}x \wedge \mathrm{d}y$$

对于二次外微分形式

$$\omega = A\mathrm{d}y \wedge \mathrm{d}z + B\mathrm{d}z \wedge \mathrm{d}x + C\mathrm{d}x \wedge \mathrm{d}y$$

也是一样, 定义

$$\mathrm{d}\omega = \mathrm{d}A \wedge \mathrm{d}y \wedge \mathrm{d}z + \mathrm{d}B \wedge \mathrm{d}z \wedge \mathrm{d}x + \mathrm{d}C \wedge \mathrm{d}x \wedge \mathrm{d}y$$

将 $\mathrm{d}A$, $\mathrm{d}B$, $\mathrm{d}C$ 的式子代入上式, 利用外乘积的性质, 立刻得到

$$\mathrm{d}\omega = \left(\frac{\partial A}{\partial x} + \frac{\partial B}{\partial y} + \frac{\partial C}{\partial z}\right)\mathrm{d}x \wedge \mathrm{d}y \wedge \mathrm{d}z$$

对于三次外积分形式

$$\omega = H\mathrm{d}x \wedge \mathrm{d}y \wedge \mathrm{d}z$$

也是一样, 定义

$$\mathrm{d}\omega = \mathrm{d}H \wedge \mathrm{d}x \wedge \mathrm{d}y \wedge \mathrm{d}z$$

易见

$$\mathrm{d}\omega = 0$$

这是因为

$$\mathrm{d}H = \frac{\partial H}{\partial x}\mathrm{d}x + \frac{\partial H}{\partial y}\mathrm{d}y + \frac{\partial H}{\partial z}\mathrm{d}z$$

与 $\mathrm{d}x \wedge \mathrm{d}y \wedge \mathrm{d}z$ 作外乘积, 每一项中至少有两个微分是相同的, 于是在三维空间中, 任意三次外微分形式的外微分为零.

关于外微分算子, 立即可得到重要的定理.

**Poincaré 引理**　若 $\omega$ 为一外微分形式, 其微分形式的系数具有二阶连续偏导数, 则 $\mathrm{d}\mathrm{d}\omega = 0$;

还可以有:

**Poincaré 引理之逆**　若 $\omega$ 是一个 $p$ 次外微分形式, 且 $\mathrm{d}\omega = 0$, 则存在一个 $p-1$ 次外微分形式 $\alpha$, 使得 $\omega = \mathrm{d}\alpha$.

有了这些准备以后, 就可以说清楚在高维空间中微分与积分如何成为一对矛盾了.

先看 Green 公式:

$$\int_L P\mathrm{d}x + Q\mathrm{d}y = \iint_D \left(\frac{\partial Q}{\partial x} - \frac{\partial P}{\partial y}\right)\mathrm{d}x\mathrm{d}y$$

如果记 $\omega_1 = P\mathrm{d}x + Q\mathrm{d}y$，则 $\omega_1$ 是一次外微分形式，于是

$$\mathrm{d}\omega_1 = \left(\frac{\partial Q}{\partial x} - \frac{\partial P}{\partial y}\right)\mathrm{d}x \wedge \mathrm{d}y$$

由于线积分的曲线是定向的，所以 Green 公式可以写成

$$\int \omega_1 = \iint \mathrm{d}\omega_1$$

再看 Stoke 公式：

$$\int_L P\mathrm{d}x + Q\mathrm{d}y + R\mathrm{d}z = \iint_\Omega \left(\frac{\partial R}{\partial y} - \frac{\partial Q}{\partial z}\right)\mathrm{d}y\mathrm{d}z + \left(\frac{\partial P}{\partial z} - \frac{\partial R}{\partial x}\right)\mathrm{d}z\mathrm{d}x$$
$$+ \left(\frac{\partial Q}{\partial x} - \frac{\partial P}{\partial y}\right)\mathrm{d}x\mathrm{d}y$$

由于线积分的曲线 $L$ 与面积分的区域 $\Omega$ 都是定向的，把 $P\mathrm{d}x + Q\mathrm{d}y + R\mathrm{d}z = \omega$ 看作一次外微分形式，于是

$$\mathrm{d}\omega = \left(\frac{\partial R}{\partial y} - \frac{\partial Q}{\partial z}\right)\mathrm{d}y \wedge \mathrm{d}z + \left(\frac{\partial P}{\partial z} - \frac{\partial R}{\partial x}\right)\mathrm{d}z \wedge \mathrm{d}x$$
$$+ \left(\frac{\partial Q}{\partial x} - \frac{\partial P}{\partial y}\right)\mathrm{d}x \wedge \mathrm{d}y$$

因此，Stokes 公式可以写为

$$\int \omega = \iint \mathrm{d}\omega$$

同样，Gauss 公式为

$$\iint_{\Omega_外} P\mathrm{d}y\mathrm{d}z + Q\mathrm{d}z\mathrm{d}x + R\mathrm{d}x\mathrm{d}y = \iiint_V \left(\frac{\partial P}{\partial x} + \frac{\partial Q}{\partial y} + \frac{\partial R}{\partial z}\right)\mathrm{d}x\mathrm{d}y\mathrm{d}z$$

由于 $\Omega$ 及 $V$ 都是定向的，所以可将 $P\mathrm{d}y\mathrm{d}z + Q\mathrm{d}z\mathrm{d}x + R\mathrm{d}x\mathrm{d}y$ 看作二次外微分形式，即记

$$\omega_2 = P\mathrm{d}y \wedge \mathrm{d}z + Q\mathrm{d}z \wedge \mathrm{d}x + R\mathrm{d}x \wedge \mathrm{d}y$$

从而

$$\mathrm{d}\omega_2 = \left(\frac{\partial P}{\partial x} + \frac{\partial Q}{\partial y} + \frac{\partial R}{\partial z}\right)\mathrm{d}x \wedge \mathrm{d}y \wedge \mathrm{d}z$$

于是用外微分形式来写 Gauss 公式就成为

$$\int \omega_2 = \iiint \mathrm{d}\omega_2$$

从这些立即看出：在三维 Euclid 空间、Green 公式、Stokes 公式与 Gauss 公式实际上都可以用同一公式写出来，这个定理（或公式）也叫做**斯托克斯（Stokes）定理（或 Stokes 公式）**

$$\int_{\partial\Omega}\pmb{\omega}=\int_{\Omega}\mathrm{d}\pmb{\omega}\qquad\qquad(*)$$

这里，$\omega$ 为外微分形式，$\mathrm{d}\omega$ 为 $\omega$ 的外微分，$\Omega$ 为 $\mathrm{d}\omega$ 的积分区域，$\partial\Omega$ 表示 $\Omega$ 的边界，$\Omega$ 的维数与 $\mathrm{d}\omega$ 的次数相一致，$\int$ 表示区域有多少维数就是多少重数.

从这里还可以看出：**除了 Green 公式 Stokes 公式以及 Gauss 公式以外，在三维 Euclid 空间中，联系区域与其边界的积分公式不会再有了**，因为这时三次外微分形式的外微分为零.

不仅如此，回到一元微积分的情况. 这时取 $\omega$ 为 0 次外微分形式，即 $\omega$ 为函数 $f(x)$，取 $\Omega$ 为直线段 $[a,b]$，$\partial\Omega$ 为 $\Omega$ 边界，这里就是端点 $a$ 与 $b$，$\mathrm{d}\omega$ 就是 $\dfrac{\mathrm{d}f(x)}{\mathrm{d}x}\mathrm{d}x$，于是公式（$*$）就成为 $\int_a^b\dfrac{\mathrm{d}}{\mathrm{d}x}f(x)\mathrm{d}x=f(x)\Big|_a^b=f(b)-f(a)$，这就是一元微积分的基本定理. 因此，公式（$*$）的确是一元微积分的基本定理在高维空间的推广.

归纳起来，在公式（$*$）中，当 $\omega$ 为零次外微分形式，$\Omega$ 为直线段时，此即 Newton-Leibniz 公式；当 $\omega$ 为一次外微分形式，而 $\Omega$ 为平面区域时，此即 Green 公式；当 $\omega$ 为一次外微分形式，而 $\Omega$ 为三维空间中的曲面时，此即 Stokes 公式；当 $\omega$ 为二次外微分形式，而 $\Omega$ 为三维空间中的一个区域时，此即 Gauss 公式，它们之间的关系可列表如下：

| 外微分形式的次数 | 空　　间 | 公　　式 |
|:---:|:---:|:---:|
| 0 | 直线段 | Newton-Leibniz 公式 |
| 1 | 平面区域 | Green 公式 |
| 1 | 空间曲面 | Stokes 公式 |
| 2 | 空间中区域 | Gauss 公式 |

公式（∗）**揭露了在三维 Euclid 空间中微分与积分是如何成为一对矛盾的，这对矛盾的一方为外微分形式，另一方为线积分、面积分、体积分.** 这个公式说：外微分形式 $d\omega$ 在区域上的积分等于比它低一次的外微分形式 $\omega$ 在区域的低一维的边界上的积分，外微分运算与积分起了相互抵消的作用，就像加法与减法、乘法与除法、乘方与开方相互抵消一样.

公式（∗）形式上统一了上述四条定理，那么这种形式上的统一是否出于凑巧？当然不是的. 正是引入了十分自然的定向的概念，Poincaré 指出了体积元素应有正负定向的概念，公式（∗）的得到是顺理成章的事，是必然的结果. 更为重要的是：在高维 Euclid 空间，当维数大于 3 时，Stokes 公式（∗）依然成立；不但如此，当 $\Omega$ 是微分流形时（将在第五讲中讨论），（∗）式依然成立，**这说明 Stokes 公式（∗）是微积分中具有本质性的定理**，这不仅说清楚了三维 Euclid 空间中，为何微分与积分是一对矛盾，它们是如何体现的；还说清楚了高维 Euclid 空间，当维数大于 3 时，为何微分与积分是一对矛盾，它们是如何体现的；甚至还说清楚了在微分流形上，为何微分与积分是一对矛盾，它们是如何体现的. 众所周知，微分流形是现代数学中最为重要的概念之一，很多现代数学都是在微分流形上进行探讨的，而在微积分的众多定理中，在微分流形上用得最多的就是流形上的 Stokes 公式（∗）. 也可以说，**Stokes 公式（∗）是微积分这门学科的一个顶峰，它使微积分从古典走向现代，是数学中少有的简洁、美丽而深刻的定理之一.**

这又使我们想起在第一讲中我们反复引用的 Hilbert 的那段精辟的论述，外微分形式就是"**更有力的工具和更简单的方法**"，而"**这些工具与方法同时会有助于理解已有的理论**"，即已有的微积分理论. 例如：上面说到的，在外微分形式的观点下，已有的 Green 公式、Stokes 公式与 Gauss 公式，甚至一元微积分的微积分基本定理，原来是一回事，只是在不同空间的不同区域上得到的不同形式. 而相对于用外微分形式表达的 Stokes（∗）式，那些原有的公式，就成了"陈旧的、复杂的东西",要记住公式(∗)是十分容易的事,而要记住那些原来的公式,相对来讲要困难得多,的确可以把原来的那些公式"抛到一边". 要用的时候,从公式(∗)直接推导一下就很容易得到,而所以会是这样,因为外微分形式的产生与引入是数学中"一步真正的进展",事实也的确如此,由于外微分形式的引入,使现代数学的面貌发生了极大的变化.

外微分形式较之原有的微积分当然是更为"**高级**",但这个相对"**高级**"的数学来叙述微分形式在边界上的积分与内部的积分的关系时有公式(∗)是这样地容易、简明,实际上它的证明也并不困难. 而不用外微分形式的微积分较之用外微分形式的微积分来说是"**低级**",但用这个相对"**低级**"的数学来叙述微分形式在边界上的积分与内部的积分的关系时,所出现的三个公式,是这样的复杂,且证明也较困难,公式不易记住. 这再次说明了数学中高与低,难与易的辩证关系,即"**高级**"的数学未必难,往往反而易,而"**低级**"的数学未必易,往往反而难.

再重新回到三维 Euclid 空间中来,在这空间中,有着广泛的应用,尤其在物理上有广泛应用的三"**度**",即梯度(gradient)、旋度(curl)与散度(divergence). 现在**在外微分形式的意义下来重新认识它们**.

先看零次外微分形式 $\omega = f(x, y, z)$,它的外微分为

$$\mathrm{d}\omega = \mathrm{d}f = \frac{\partial f}{\partial x}\mathrm{d}x + \frac{\partial f}{\partial y}\mathrm{d}y + \frac{\partial f}{\partial z}\mathrm{d}z$$

而 $f$ 的梯度为

$$\mathrm{grad}f = \left[\frac{\partial f}{\partial x}, \frac{\partial f}{\partial y}, \frac{\partial f}{\partial z}\right]$$

所以梯度是与零次外微分形式的外微分相当.

再看一次外微分形式

$$\omega_1 = P\mathrm{d}x + Q\mathrm{d}y + R\mathrm{d}z$$

它的外微分为

$$\mathrm{d}\omega_1 = \left(\frac{\partial R}{\partial y} - \frac{\partial Q}{\partial z}\right)\mathrm{d}y \wedge \mathrm{d}z + \left(\frac{\partial P}{\partial z} - \frac{\partial R}{\partial x}\right)\mathrm{d}z \wedge \mathrm{d}x$$

$$+ \left(\frac{\partial Q}{\partial x} - \frac{\partial P}{\partial y}\right)\mathrm{d}x \wedge \mathrm{d}y$$

$$= \begin{vmatrix} \mathrm{d}y \wedge \mathrm{d}z & \mathrm{d}z \wedge \mathrm{d}x & \mathrm{d}x \wedge \mathrm{d}y \\ \dfrac{\partial}{\partial x} & \dfrac{\partial}{\partial y} & \dfrac{\partial}{\partial z} \\ P & Q & R \end{vmatrix}$$

而向量 $u = (P, Q, R)$ 的旋度为

$$\mathrm{rot}\ u = \left(\frac{\partial R}{\partial y} - \frac{\partial Q}{\partial z}\right)i + \left(\frac{\partial P}{\partial z} - \frac{\partial R}{\partial x}\right)j + \left(\frac{\partial Q}{\partial x} - \frac{\partial P}{\partial y}\right)k = \begin{vmatrix} i & j & k \\ \dfrac{\partial}{\partial x} & \dfrac{\partial}{\partial y} & \dfrac{\partial}{\partial z} \\ P & Q & R \end{vmatrix}$$

这里 $i$, $j$, $k$ 分别为 $x$ 轴、$y$ 轴、$z$ 轴的单位向量, 所以旋度是与一次外微分形式的外微分相当.

再看二次外微分形式

$$\omega_2 = A\mathrm{d}y \wedge \mathrm{d}z + B\mathrm{d}z \wedge \mathrm{d}x + C\mathrm{d}x \wedge \mathrm{d}y$$

它的外微分为

$$\mathrm{d}\omega_2 = \left(\frac{\partial A}{\partial x} + \frac{\partial B}{\partial y} + \frac{\partial C}{\partial z}\right)\mathrm{d}x \wedge \mathrm{d}y \wedge \mathrm{d}z$$

而向量 $v = (A, B, C)$ 的散度为

$$\mathrm{div}\ v = \frac{\partial A}{\partial x} + \frac{\partial B}{\partial y} + \frac{\partial C}{\partial z}$$

所以散度与二次外微分形式的外微分相当.

从这个观点来看, 还有没有可能产生具有这样性质的其他的 "度" 呢? 很明显, 在三维 Euclid 空间, 这是不可能的了. 因为在三维 Euclid 空间, 三次外微分形式的外微分为零, 所以不可能再有与之相当的 "度" 了. 所以从外微分形式的观点, **在三维 Euclid 空间, 有而且只能有这三个度, 即梯度、旋度、散度**, 它们与外微分形式的对应关系可列表如下:

| 外微分形式的次数 | 对应的度 |
|:---:|:---:|
| 0 | 梯度 |
| 1 | 旋度 |
| 2 | 散度 |

此外，前面提到的 Poincaré 引理 $\mathrm{dd}\omega = 0$，也具有其场论意义，当 $\omega$ 为零次外微分形式，即 $\omega = f$ 时，$\mathrm{dd}f = 0$ 就是

$$\mathrm{rot\ grad} f = 0$$

当 $\omega$ 为一次外微分形式，即

$$\omega_1 = P\mathrm{d}x + Q\mathrm{d}y + R\mathrm{d}z$$

时，记 $\boldsymbol{u} = (P,\ Q,\ R)$，那么 $\mathrm{dd}\omega_1 = 0$，就是

$$\mathrm{div\ rot\ } \boldsymbol{u} = 0$$

同样 Poincaré 引理之逆也有其场论的意义．我们知道：$v$ 为有势场的充分必要条件为 $v$ 为无旋场，即 $v = \mathrm{grad}\ f$ 的充要条件为 $\mathrm{rot}\ v = 0$，这就是 Poincaré 引理及其逆：$\mathrm{d}\omega = 0$ 必有 $\omega = \mathrm{d}\alpha$，即如果一次微分形式的外微分为零，则此外微分形式一定是一个函数（零次外微分形式）的外微分．

同样，如果 $v$ 为旋度场当且仅当 $v$ 为无源场，即 $v = \mathrm{rot}\ \boldsymbol{b}$ 当且仅当 $\mathrm{div}\ v = 0$，这就是 Poincaré 引理及其逆，$\mathrm{d}\omega = 0$ 必有 $\omega = \mathrm{d}\alpha$，即如果二次外微分形式的外微分为零，则此外微分形式一定是一个一次外微分形式的外微分．

## 参考文献

[1]　　de Rham, George William. Differential manifold. Springer-Verlag, 1981

[2]　　吴文俊. 龚昇教授《简明微积分》读后感. 数学通报，2000 (1)：44～45

# 第三讲　微积分中的各种矛盾

## 3.1　微分与积分的公式及定理的对应

在上一讲中，根据微分与积分是微积分这门学科中的主要矛盾的观点，阐述了微积分这门学科应包含三个组成部分，即：微分、积分与指出微分与积分是一对矛盾的微积分基本定理，并且着重讲了多元微积分中指出微分与积分是一对矛盾的基本定理，即 Stokes 公式，这时用了外微分形式才说清楚这点的．对这个公式还强调，这是微积分的顶峰，是从古典走向近代的公式，即使在微分流形上，这个公式依然成立，且是其中最重要的公式之一．

**在微积分中，除了微分与积分这对矛盾外，还有没有其他一些次要矛盾？这当然有．例如：离散与连续、局部与整体、有限与无限、数与形、特殊与一般等，这些矛盾几乎在数学的所有分支中都起着重要的作用，在微积分这门学科中当然也是这样．**在这一讲中，我们将继续用对立统一的观点来考察与认识微积分中的一些主要内容，为了易于说清楚，这里着重讲的是一元微积分．

在这一节中，在微分与积分是微积分这门课程的主要矛盾的观点下，来梳理清楚微积分的一些定理与公式．在这个观点下，原则上讲，**微分中的一条定理或公式，在积分中也应有相应的定理或公式．反之亦然，即它们之间是相互对应的．**也就是说，它们之间，既是对立的（一个是微分的形式，一个是积分的形式），又是统一的（它们表述的往往是同一件事情，是同一件事物的两种不同的表达形式）．

在数学中引入一个概念或运算之后，往往就要讨论作用到被作用的对象的**算术**（arithemetic），即加、减、乘、除，作用到被作用的对象的**复合**（composition），作用到被作用对象的**逆**（inverse）等等，这几乎是成了例行公事. **在微积分中，运算是微分与积分，被作用的对象是函数，**于是就有了双方的相应的公式.

对微分运算来讲，就有如下公式（写成导数形式，假设函数都是可微的）：

(i) $(u(x) + v(x))' = u'(x) + v'(x)$;

(ii) $(u(x) - v(x))' = u'(x) - v'(x)$;

(iii) $(u(x)v(x))' = u'(x)v(x) + u(x)v'(x)$;

(iv) $\left(\dfrac{u(x)}{v(x)}\right)' = \dfrac{u'(x)v(x) - u(x)v'(x)}{v^2(x)}$;

(v) 若 $y = f(u), u = \varphi(x)$,则

$$\frac{\mathrm{d}y}{\mathrm{d}x} = f'(u)\varphi'(x)$$

(vi) 若 $x = g(y)$ 是 $y = f(x)$ 的反函数,且 $f'(x) \neq 0$,则

$$g'(y) = \frac{1}{f'(x)}$$

等等.其中(i) ～ (iv)是算术运算,公式(v)是对复合的运算,公式(vi)是对逆的运算.这是一般的微积分书中必列的公式.

对积分运算来讲,可以将公式(i) ～ (iv) 写成积分形式. 如与(i)、(iii)、(v) 相应的是(写成不定积分形式,假设函数都是可积的)：

(i′) $\displaystyle\int (f(x) + g(x))\mathrm{d}x = \int f(x)\mathrm{d}x + \int g(x)\mathrm{d}x$;

(iii′) $\displaystyle\int u'(x)v(x)\mathrm{d}x = u(x)v(x) - \int u(x)v'(x)\mathrm{d}x$;

(v′) $\displaystyle\int f'(u)\varphi'(x)\mathrm{d}x = f(\varphi(x)) + c$,其中 $u = \varphi(x)$,$c$ 为不定常数.

当然也可写出与(ii)、(iv)、(vi) 相应的(ii′)、(iv′)、(vi′).

但只要仔细分析一下,公式(ii) 可由公式(i) 推出,只要将 $u(x) - v(x)$ 写成 $u(x) + (-v(x))$ 即可;公式(iv) 可由公式(iii) 推出,只要对

$$\left(\frac{u(x)}{v(x)}\right)v(x) = u(x)$$

两边求导即可;公式(vi)可由(v)推出,只要对 $g(f(x))=x$ 两边求导即可,所以**在微分运算中,重要的具有本质性的公式是**(i)、(iii)**及**(v)**. 同样的,在积分运算中,重要的具有本质性的公式是其相应的公式**(i′)、(iii′)**及**(v′)**,而这三个公式,就是微积分书中必讲的积分计算的三种主要方法**.其中公式 (i′),尤其用于求有理函数的积分

$$\int \frac{P(x)}{Q(x)}\mathrm{d}x$$

其中 $P\ (x)$ 与 $Q\ (x)$ 均为多项式,将

$$\frac{P(x)}{Q(x)}$$

分拆成多个有理分式之和, 每个有理分式的分母为一次或二次多项式,分子为次数低于分母的一次多项式或常数,然后逐个求积分;公式(iii′)就是分部积分法;公式(v′)就是换元法.所以微分运算中的三个主要公式(i)、(iii)、(v),在积分运算中就对应求积分的三个主要方法,即:将被积函数分拆成几个易于求积分的函数之和,然后分别求积分;分部积分法和换元法,而这些组成了一元微积分中的微分运算与积分运算的主要内容.微分运算中的三个主要公式,与积分运算中的三个主要方法,说的实际上是同一件事,不过用不同形式表达而已.

在微积分的教科书中,都会列上两张表,一张是微分的公式表,一张是积分的公式表,而这两张表,实际上是初等函数的微分与积分公式表. 在这两张表中, 微分公式与积分公式往往是一一对应的, 即说的是同一件事, 不过用不同形式来表达而已. 例如:微分公式表(写成导数的形式) 大致上都会包括以下的这些公式:

1. $(c)'=0$,($c$ 为常数);

2. $(x^\mu)'=\mu x^{\mu-1}$($\mu$ 为任意实数);

3. $(\sin x)'=\cos x$;

4. $(\cos x)'=-\sin x$;

5. $(\tan x)'=\sec^2 x$;

6. $(\cot x)' = -\csc^2 x$;

7. $(\sec x)' = \sec x \tan x$;

8. $(\csc x)' = -\csc x \cot x$;

9. $(\ln x)' = \dfrac{1}{x}$;

10. $(\log_a x)' = \dfrac{1}{x \ln a}$;

11. $(e^x)' = e^x$;

12. $(a^x)' = a^x \ln a$;

13. $(\arcsin x)' = \dfrac{1}{\sqrt{1-x^2}}$;

14. $(\arccos x)' = -\dfrac{1}{\sqrt{1-x^2}}$;

15. $(\arctan x)' = \dfrac{1}{1+x^2}$;

16. $(\text{arccot} x)' = -\dfrac{1}{1+x^2}$;

等等.

对积分公式来讲,可以将公式 $1 \sim 16$ 写成积分形式,如与 $2,3,9,11$ 相应的公式是(写成不定积分形式):

$2'.\displaystyle\int x^n \mathrm{d}x = \dfrac{x^{n+1}}{n+1} + c \, (n \neq -1, c$ 为不定常数$)$;

$3'.\displaystyle\int \cos x \mathrm{d}x = \sin x + c$;

$9'.\displaystyle\int \dfrac{1}{x}\mathrm{d}x = \ln|x| + c$;

$11'.\displaystyle\int e^x \mathrm{d}x = e^x + c$;

当然也可以写出与微分公式表中其余的公式相应的公式.

但再仔细分析一下,在微分公式表中,最最重要的是公式 2, 3, 9, 11,因为所有其他的公式都可以很容易从公式 2, 3, 9, 11 以及 (i) ～ (vi) 中推出来. 而积分公式 2′, 3′, 9′, 11′ 与微分公式 2, 3,

9，11 实际上说的是同一件事，只是用不同形式表达而已.

从上述论述中还可以看到，在学习中往往会遇到很多公式，但**这些公式中的各条公式，不是同样重要的**，有的很重要，有的不很重要，那些从这些公式中可以导出其他的公式的，往往是最重要的、本质的，例如前面说到的 (i)，(iii)，(v)，2，3，9，11 等. 这些最重要的公式往往是十分简单，易于记住的. 这样在学习过程中只要记住这几个最简单，但是是最重要的公式就可以了，这是易于做到的，大可不必要去记一大堆公式，而这是难于做到的. 实在要用时，去查一下就可以了. 再加上由于微分公式与积分公式是相互一一对应的，是同一件事的两种不同表达方式，明白了这点就可以知其一而立即知其二，这样要记住的东西就更少了. 实际上，要记住的东西愈少愈易记住，愈多愈难记住.

在一元微积分中，有两条重要的定理，叫中值定理.

**微分中值定理  若 $F(x)$ 在 $[a，b]$ 上可微，则在 $[a，b]$ 中一定存在一点 $\xi$，使得**

$$\frac{F(b)-F(a)}{b-a}=F'(\xi)$$

**积分中值定理  若 $f(x)$ 是 $[a，b]$ 上的连续函数，则在 $[a，b]$ 中一定存在一点 $\xi$，使得**

$$\int_a^b f(x)\mathrm{d}x=(b-a)f(\xi)$$

这两条中值定理有十分明确的几何意义. 微分中值定理表示在 $[a,b]$ 中一定存在一点 $\xi$，曲线 $y=F(x)$ 在这点的切线平行于连结点 $(a,F(a))$ 与点 $(b,F(b))$ 的割线（见图 3.1 的左图）；而积分中值定理表示在 $[a,b]$ 中一定存在一点 $\xi$，曲线 $y=f(x)$ 在 $[a,b]$ 上覆盖的曲边梯形的面积等于以 $b-a$ 及 $f(\xi)$ 为边长的长方形面积（见图 3.1 的右图）. 因此，从表面上看，这两个中值定理是两个完全不同的几何定理，一个定理说的是切线（即微分），一个说的是面积（即积分），而已知"求切

线"(微分) 与"求面积"(积分) 是互为逆运算, 所以当我们令

$$\int_a^x f(t)\mathrm{d}t = F(x)$$

时, 就可发现, **这两个中值定理实际上说的同一件事, 只是一个用微分形**
**式来表达, 一个用积分形式来表达而已**.

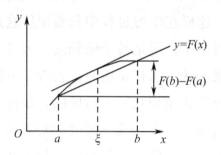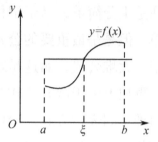

图 3.1

当然还有在第二讲 2.2 节中说到的最为重要的一元微积分的基本
定理, 它有微分形式的基本定理, 也有积分形式的基本定理, 而这两
种形式说的是同一件事.

在一元微积分中, 还有重要的**泰勒** (**Broox Taylor, 1685～1731**)
**展开式: 若 $f(x)$ 在 $x = a$ 点附近是 $n+1$ 次可微的, 则 $f(x)$ 在**
**$x = a$ 的附近可以写成**

$$f(x) = f(a) + f'(a)(x - a) + \frac{f''(a)}{2!}(x - a)^2 + \cdots$$

$$+ \frac{f^{(n)}(a)}{n!}(x - a)^2 + R_n(x)$$

**其中 $R_n(x)$ 称为 Taylor 展开式中的余项.**

这个公式可以用多次求导数得到, 也可用多次分部积分法得到,
而余项 $R_n(x)$ 既可表成微分形式

$$R_n(x) = \frac{f^{(n+1)}(\xi)(x - a)^{n+1}}{(n + 1)!}$$

式中 $\xi$ 位于 $a$ 与 $x$ 之间, $R_n(x)$ 也可表成积分形式

$$R_n(x) = \frac{1}{n!}\int_a^x (x-t)^n f^{(n+1)}(t)\mathrm{d}t$$

可以证明：这两个余项公式，利用中值定理是相互可以推导的，这些都是微分与积分这对矛盾在 Taylor 展开式上的体现.

顺便说一下，Taylor 展开式在一元微积分中是很重要的，因为求极值的问题，中值定理，洛必达（G. F. A. L'Hospital, 1661~1704）法则等都是它的简单推论.

作为一元微积分的理论部分（还有应用部分），上述论及的那些结果，虽然不是它的全部，却也是其中极为重要的部分. 所以，如果我们紧紧抓住微分与积分是微积分的主要矛盾这个观点，那么，理解一元微积分就显得十分自然、容易与简单了.

## 3.2　三个初等函数

在微积分课程中的定义、公式及定理，往往说的是一般的连续函数、可微函数或可积函数. 但是，例题与习题的大部分却是讨论以下三个大家十分熟悉的初等函数以及它们的复合函数. 甚至可以说，微积分教材中有很大的篇幅是用来讨论初等函数的，所谓初等函数是指由下列三个初等函数及其复合函数所组成，这三个初等函数为：

（1）幂函数以及它的反函数，如：$x^\mu$，而 $\mu$ 为任意实数；

（2）三角函数以及它的反函数，如：$\sin x$，$\cos x$，$\cdots$，$\arcsin x$，$\arccos x$，$\cdots$

（3）指数函数以及它的反函数，如：$\mathrm{e}^x$，$\ln x$，$\cdots$

在微积分中的这三个不同的初等函数，在复分析的观点下，这三个初等函数实际上是同一个函数. 这是因为我们有前面已屡次提到的 Euler 公式 $\mathrm{e}^{\mathrm{i}z} = \cos z + \mathrm{i}\sin z$. 于是这三个函数是可以相互表达的，三角函数可以用指数函数来表达：

$$\sin z = \frac{\mathrm{e}^{\mathrm{i}z} - \mathrm{e}^{-\mathrm{i}z}}{2\mathrm{i}}, \quad \cos z = \frac{\mathrm{e}^{\mathrm{i}z} + \mathrm{e}^{-\mathrm{i}z}}{2}$$

幂函数也可以用指数函数及它的反函数对数函数来表达：$z^\mu = \mathrm{e}^{\mu\ln z}$，这里 $z$ 为复变数，$\mu$ 为复常数. 这时，三个初等函数就成为一个初等函数——指数函数及它的反函数了. 但是在微积分课程中，它们仍为三个不同的初等函数. 由于初等函数的重要性，在微积分的教学中，如果对这三个初等函数掌握好了，那么有关一般函数的定义、公式与定理也就易于掌握与理解了. 例如：在上一节中列举的微分公式表和积分公式表实际上是这三个初等函数的微分公式表与积分公式表，对 Taylor 级数，同样对傅里叶（J. Fourier，1768~1830）级数与傅里叶积分，首先讲清楚的也是这三个初等函数的 Taylor 级数、Fourier 级数与 Fourier 积分.

初等函数为什么这样重要？可以至少从以下几点来加以说明：

首先，**人们熟悉的大量自然现象与社会现象是可以用初等函数来描述或近似描述**. 最最简单的如：自由落体、人口增长、利息计算等等. 在这方面，美国的有些微积分教材就写得比较好，在微积分教学一开始就让同学们通过计算器认识这些初等函数及其复合函数的图形，并有大量的实际的（不全是虚构的）例题与习题来认识这些初等函数，让同学们认识到大量的自然现象与社会现象的模型（或近似的模型）是用初等函数描述的，并通过对初等函数的讨论，可以得到对这些现象的进一步认识.

不是初等函数及其复合函数的函数称为特殊函数或超越函数，这往往是为了讨论某一个特定的问题而产生的. 这在微积分教材及以后有关课程中会不断地遇到. 但**这些特殊函数实际上往往都是从初等函数演化过来的，并且往往可以用初等函数来表达的**，而这些特殊函数的一些性质，也可以由初等函数的性质得到. 例如，大家十分熟悉的 $\Gamma$ 函数

$$\Gamma(s) = \int_0^\infty t^{s-1}\mathrm{e}^{-t}\mathrm{d}t \quad (s > 0)$$

和 $B$ 函数

$$B(p,q) = \int_0^1 t^{p-1}(1-t)^{q-1}\mathrm{d}t \quad (p > 0,\ q > 0)$$

都不是初等函数, 但却是初等函数的积分, 所以, 它们的一些性质都可以从初等函数的性质导出. 因之, 初等函数了解愈清楚, 了解非初等函数也就愈不难了, 这是初等函数重要性的第二点说明. 更为重要的是以下的第三点说明.

在微积分中, 有重要的部分是讲级数理论的. 可以这样来理解: **由于一般地讨论与研究函数往往不好处理, 于是有了用初等函数来表示或逼近的想法, 这是因为对初等函数是很易于讨论与研究的. 这样的表示或逼近是在一点附近展开的, 且很好地刻画了这个函数在这一点附近的行为, 所以这是很有用的做法, 也可以说, 为什么微积分以前也被称作为 "无穷小分析" 的原因.** 用幂级数来表示一般函数 $f(x)$ 在点 $x = a$ 处的级数为

$$f(x) = f(a) + f'(a)(x-a) + \frac{f''(a)}{2!}(x-a)^2 + \cdots$$

这是大家熟悉的 Taylor 级数. 如果在右边只取二项, $y = f(a) + f'(a)(x-a)$, 这是 $f(x)$ 在 $x = a$ 处的切线, 也就是用切线来近似 $f(x)$ 在 $x = a$ 附近, 这是将函数在一点附近局部线性化. 用上式右边的有限项, 即多项式来逼近 $f(x)$ 在 $x = a$ 附近, 这就是前面提到的 Taylor 展开式. 同样, 用三角函数的级数来表示一般函数 $f(x)$, 这就是 Fourier 级数

$$f(x) = \frac{a_0}{2} + \sum_{n=1}^{\infty}(a_n\cos nx + b_n\sin nx)$$

这里

$$a_n = \frac{1}{\pi}\int_{-\pi}^{\pi}f(x)\cos nx\,\mathrm{d}x,\ b_n = \frac{1}{\pi}\int_{-\pi}^{\pi}f(x)\sin nx\,\mathrm{d}x,\ n = 0,1,2,\cdots$$

由于三角函数的周期性, 也要假设 $f(x)$ 是周期函数 (这个假设其实并不重要).

用 Fourier 级数的有限项来逼近 $f(x)$, 这就是 Fourier 三角多项式.

如同 Taylor 级数、Taylor 展开式一样，Fourier 级数及 Fourier 三角多项式也是局部性质，即在一点的附近进行研究与讨论．至于为什么没有用指数函数的级数或多项式来表示或逼近一般的函数，一方面当然可以用函数系的正交性、完备性等来解释，但也可以用前面所说的复分析的观点来解释．因为在此观点下，指数函数与三角函数是可以相互表达的．事实上，用 Euler 公式

$$\mathrm{e}^{\mathrm{i}x} = \cos x + \mathrm{i}\sin x$$

上述 Fourier 级数也可以写为

$$f(x) = \sum_{k=-\infty}^{\infty} c_k \mathrm{e}^{\mathrm{i}kx}$$

这里

$$c_k = \frac{1}{2\pi}\int_{-\pi}^{\pi} f(x)\mathrm{e}^{\mathrm{i}kx}\mathrm{d}x, \quad k = 0, \pm 1, \pm 2, \cdots$$

在这种认识下，在微积分中，Taylor 级数及展开式与 Fourier 级数及展开式成为最基本的内容之一，也是十分自然的事，而这实质上就是用初等函数来表示与逼近一般的函数．

这种想法，到了高维空间，也就一样的重要，例如：

$$x = \begin{bmatrix} x_1 \\ \vdots \\ x_n \end{bmatrix}$$

是在 $n$ 维 Euclid 空间中一个区域 $D$ 中的点，

$$f(x) = \begin{bmatrix} f_1(x) \\ \vdots \\ f_n(x) \end{bmatrix}$$

是 $D$ 上定义的无穷次可微函数，

$$a = \begin{bmatrix} a_1 \\ \vdots \\ a_n \end{bmatrix} \in D$$

则 $f(x)$ 在 $x=a$ 点附近可展开成 Taylor 级数

$$
\begin{bmatrix} f_1(x) \\ \vdots \\ f_n(x) \end{bmatrix} = \begin{bmatrix} f_1(a) \\ \vdots \\ f_n(a) \end{bmatrix} + \begin{bmatrix} \dfrac{\partial f_1}{\partial x_1}(a), \cdots, \dfrac{\partial f_1}{\partial x_n}(a) \\ \vdots \qquad\qquad \vdots \\ \dfrac{\partial f_n}{\partial x_1}(a), \cdots, \dfrac{\partial f_n}{\partial x_n}(a) \end{bmatrix} \begin{bmatrix} x_1 - a_1 \\ \vdots \\ x_n - a_n \end{bmatrix} + \cdots
$$

这也可写成

$$
f(x) = f(a) + J_f(a)(x - a) + \cdots
$$

这里 $J_f(a)$ 为 $f$ 的 Jacobi 阵在 $a$ 点的值,如果在上式只取二项 $f(a)$ $+ J_f(a)(x-a)$,则这是将函数在 $x=a$ 点的局部线性化. 而对它进行讨论,就化为对矩阵 $J_f(a)$ 进行讨论. 但这是线性代数的事了,因此,可以说,**微积分将函数进行局部线性化,之后是线性代数的工作了**.

从上述的讨论中可以看出:三个初等函数与一般的连续函数、可微函数及可积函数的关系是特殊与一般的关系. **人们通过用特殊的函数(三个初等函数)的表示与逼近来认识一般的函数(连续函数、可微函数、可积函数);另一方面,在微积分中几乎所有的定义、定理与公式都是对一般的函数说的,但例题与习题的大部分却是讨论这特殊的三个初等函数以及它们的复合函数的,通过对这些特殊的函数的讨论来认识这些一般的函数的定义、定理与公式的**.

## 3.3 其他一些矛盾

毛泽东在《矛盾论》中指出:"**在复杂的事物发展过程中,有许多的矛盾存在,其中必有一种是主要矛盾,由于它的存在和发展规定或影响着其他矛盾的存在和发展**"(《毛泽东选集》第 1 卷,人民出版社,1991 年版,第 320 页). 还指出:"**捉住了这个主要矛盾,一切问题就迎刃而解了**"(同上,第 322 页). 在微积分这门学科中,也存在着许多矛盾. 除了这对主要矛盾外,在微积分这门学科中,还存在着很多次要矛盾. 它们是在主要矛盾——微分与积分这对主要矛盾下存在和发展，并且也起着重要作用. 在本讲一开始，就列举了一些这样的矛盾. 在这一节中，将就离散与连续这对矛盾多做一些介绍，而对其他的矛盾只做十分简单的介绍.

**关于离散与连续这对矛盾在微积分中的体现，最易说明问题的例子是级数与积分.** 数项级数 $\sum\limits_{n=0}^{n} a_n$ 与无穷积分

$$\int_{-\infty}^{\infty} f(x)\mathrm{d}x$$

就是离散与连续的关系；函数项级数 $\sum\limits_{n=0}^{\infty} u_n(x)$ 与含参变量的无穷积分

$$\int_{0}^{\infty} f(u,x)\mathrm{d}u$$

就是离散与连续的关系；Fourier 级数

$$\frac{1}{2}a_0 + \sum_{n=0}^{\infty}(a_n\cos nx + b_n\sin nx)$$

与 Fourier 积分

$$\frac{1}{2\pi}\int_{-\infty}^{\infty}\mathrm{d}\lambda\int_{-\infty}^{\infty} f(\xi)\mathrm{e}^{-\mathrm{i}\lambda(\xi-\lambda)}\mathrm{d}\xi$$

也是离散与连续的关系. 无穷级数、函数项级数与 Fourier 级数都是离散地求和，且它们发展起来的理论、定理与公式，都是离散形式的理论、定理与公式；而无穷积分、含参变量的无穷积分与 Fourier 积分都是连续地求和，且它们发展起来的理论、定理与公式，都是连续形式的理论、定理与公式. **在离散与连续是一对矛盾的观点下，这些微积分的定理与公式，往往是有一条离散形式的定理与公式，就会有一条连续形式的定理与公式，反之亦然.** 这里离散与连续这对矛盾在微积分中的具体体现. 现在举几个极为简单的例子来说明之.

**例 1**  对无穷级数，有如下一条大家十分熟悉的 Cauchy 判别准则：无穷级数

$$a_0 + a_1 + \cdots + a_n + \cdots$$

收敛的充分必要条件为：对任一给定的 $\varepsilon > 0$，一定存在一自然数 $N(\varepsilon)$，当 $n > m > N$ 时，

$$|S_n - S_m| < \varepsilon$$

成立，即

$$|a_{m+1} + a_{m+2} + \cdots + a_n| < \varepsilon$$

成立，这里

$$S_j = a_0 + a_1 + \cdots + a_j, \quad j = 1, 2, \cdots$$

对于无穷积分，有如下一条与之对应的 Cauchy 判别准则：积分

$$\int_a^{+\infty} f(x)\mathrm{d}x \quad (a \text{ 为一个固定常数})$$

收敛的充分必要条件为：对任一给定的 $\varepsilon > 0$，一定存在 $X > a$，只要 $x, x' > X$ 便有

$$\left| \int_x^{x'} f(x)\mathrm{d}x \right| < \varepsilon$$

比较这两条判别准则，其差别只是：一个是离散地求和，一个是连续地求和（即积分），两者本质上完全一样，这是离散与连续这对矛盾在收敛判别准则上的体现.

**例 2** 对函数项级数，有如下一条 Cauchy 判别准则：函数项级数在 $\sum\limits_{n=1}^{\infty} u_n(x)$ 在区间 $[a, b]$ 上一致收敛的充分必要条件是：对任一给定的 $\varepsilon > 0$，一定有不依赖于 $x$ 的自然数 $N$ 存在，使得当 $n > N$ 时，

$$|u_{n+1}(x) + u_{n+2}(x) + \cdots + u_{n+l}(x)| < \varepsilon$$

对所有 $l > 0$ 都成立.

对于含参考变量的无穷积分，有如下一条与之对应的 Cauchy 判别准则：

$$\int_0^{\infty} f(u, x)\mathrm{d}u$$

在区间 $[\alpha, \beta]$ 上一致收敛的充分必要条件是：对任一给定的 $\varepsilon > 0$，总存在一个仅与 $\varepsilon$ 有关的 $A_0$，使得当 $A', A'' > A_0$ 时

$$\left| \int_{A'}^{A''} f(u,x)\mathrm{d}u \right| < \varepsilon$$

对 $[\alpha, \beta]$ 上所有的 $x$ 都成立.

比较这两条判别准则, 其差别仍然是一个离散地求和, 一个是连续地求和 (即积分), 尽管表面上看来有差别, 但本质上完全一样, 这也是离散与连续这对矛盾在收敛判别准则上的体现.

**例 3**　在 Fourier 级数中, 有这样一条定理, 若 $f(x)$ 是在 $[0, 2\pi]$ 上勒贝格 (H. L. Lebesgue, 1875～1941) 平方可积的函数 (将在第五讲中论及这种积分), 则帕舍伐尔 (Parsevel) 等式

$$\frac{1}{\pi} \int_0^{2\pi} f^2(x)\mathrm{d}x = \frac{1}{2} a_0^2 + \sum_{n=1}^{\infty} (a_n^2 + b_n^2)$$

成立, 这里 $a_n$, $b_n$ 为 $f(x)$ 的 Fourier 级数

$$\frac{1}{2} a_0 + \sum_{n=1}^{\infty} (a_n \cos nx + b_n \sin nx)$$

的 Fourier 系数.

在 Fourier 积分中, 与 Parsevel 等式相当的是普朗歇尔 (Plancherel) 等式: 若 $f(x)$ 是 $(-\infty, \infty)$ 上 Lebesgue 平方可积函数, 称

$$\hat{f}(u) = \frac{1}{2\pi} \int_{-\infty}^{\infty} f(t)\mathrm{e}^{-\mathrm{i}ut}\mathrm{d}t$$

为 $f$ 的 Fourier 变换 (与 Fourier 级数中的 Fourier 系数相当), 则

$$\int_{-\infty}^{\infty} f^2(x)\mathrm{d}x = \int_{-\infty}^{\infty} |\hat{f}(x)|^2 \mathrm{d}x$$

成立.

比较 Parsevel 等式与 Plancherel 等式. 在等式的右边, 一个是离散地求和 (级数), 一个是连续地求和 (积分), 但它们都是用来表达 $\int f^2 \mathrm{d}x$ (即 $f$ 的范数的平方) 与 $f$ 的 Fourier 系数之间的关系的. 所以本质上是一样的. 这是离散与连续这对矛盾在 Fourier 分析中的体现.

当然, 在微积分中, 这样离散与连续这对矛盾的种种体现, 还可以举出很多来.

不仅如此，**离散与连续这对矛盾是可以相互转化的**. 例如：求函数所描绘的曲线覆盖下的曲边梯形的面积（连续求和）是通过 Riemann 和（离散求和）取极限过程得到的. 而一些级数求和（离散求和）是通过积分求和（连续求和）得到的, 反之亦然. 再例如：函数 $f(x)$ 的微分 $\mathrm{d}f = f'(x)\mathrm{d}x$ 是连续的差, 差分 $\Delta f = f(x+\Delta x) - f(x)$ 是离散的差. 因此, 从原则上讲, 有微分的公式或定理, 也应有与之相对应的差分的公式或定理. 反之亦然, 且微分与差分之间可相互表达、相互转化.

离散与连续在数学的其他分支中都有所体现, 可以举出更多这样的例子, 这里只说一个. 由伏尔泰拉（V. Volterra, 1860～1940）、弗雷德霍姆（E. I. Fredholm, 1866～1927）以及 Hilbert 等建立起来的积分方程理论的一个基本想法是将积分方程（连续）化为线性方程组（离散）来考虑, 然后再回到积分方程中来.

关于离散与连续这对矛盾就说到这里, 对于其他的矛盾, 只是十分简略地介绍一下.

我们知道, 微分是局部性质, 积分是整体性质, 微积分的基本定理刻画了局部性质（微分）与整体性质（积分）之间的辩证关系. 关于有限与无限这对矛盾, 恩格斯早已指出："数学的无限是从现实中借用的"（《马克思恩格斯选集》第 4 卷, 人民出版社, 1995 年版, 第 369 页）. 数学中的无限的概念是由现实中的有限建立起来的. 如级数求和、无穷积分、Taylor 级数等等都是从求级数的部分和、有限的上、下限的积分、Taylor 展开式等有限的量, 通过求极限而得到的. 反之, 一些有限的量是可以通过求无限的量而得到的. 有限与无限这对矛盾, 在微积分中可以说是贯彻始终的. 同样, 数与形这对矛盾也是这样. 如函数表示了曲线、曲面等, 曲线、曲面可以用函数来表达. 如二次方程表示了二次曲线, 二次曲面. 反之, 一些几何的量可以用数的关系表达出来, 如曲率等. 一些数量关系的推导可以导出几何图形的意义. 反之, 一些几何图形的考察与研究可以导出数量关系. 至于导数

表示切线方向，积分表示面积等，更是在微积分一开始时就体现了数
与形这对矛盾的例子．至于特殊与一般这对矛盾在上一节中已讨论过
的三个初等函数与一般函数之间的关系就是一个例子．

# 第四讲 微积分的三个发展阶段

## 4.1 微积分的前驱工作

柯朗（R. Courant）在 1949 年为波耶（C. B. Boyer）写的一本书[1]的前言中说道："**微积分学，或者数学分析，是人类思维的伟大成果之一**"，还说："**这门学科乃是一种撼人心灵的智力、奋斗的结晶；这种奋斗已经历了两千五百多年之久，它深深扎根于人类活动的许多领域**". 吴文俊教授的文章[2]中有这样一段话："美国一位著名的数学史学家与数学教育家 M. Kline 先生在他著的《西方文化中的数学》一书中曾经说过：'**一个拥有牛顿处于顶峰时期所掌握的知识，在今天不会被认为是一位数学家**'. M. Kline 又说：'**数学是从微积分开始，而不是以之为结束.**' M. Kline 先生对微积分的推崇或许有些过分，但言外之意反映出微积分的发明对于数学历史发展过程具有难与伦比的巨大作用，则是毋庸置疑".

这样一个"**撼人心灵**"以及"**对于数学历史发展过程具有难与伦比的巨大作用**"的微积分，当然会有很多人去深入地研究它的历史与发展过程，并且已有了很多本写得很好的书，如 [1] [3] [4] 等等. 在这一讲中，并不想也不必要来详细地讲述微积分的发展史，只是对此作了十分粗略的回顾. 前面提到的微积分历史的书都是讲了 Newton-Leibniz 创立微积分与微积分严格化这两个发展阶段，往往就到此为止. 拙见以为除了这两个发展阶段外，还应有第三个发展阶段，即外微分形式建立的阶段. 这将在这一讲论述. 在微积分严格化之后，微积分本身往何处发展？这将在下一讲中讨论.

尽管在古希腊时代有 Euclid，Archimedes 等，中国有刘徽（263 年左右）、祖冲之（公元 429～500）等伟大的数学家，对数学作出了杰

出的贡献. 之后在东、西方，数学都得到了种种发展. 但是从公元 5
世纪到 11 世纪，在欧洲是历史上的黑暗时期，中国也长时期地处在封
建社会，文明处于凝滞状态，在东、西方，数学的进展甚微. 一直到
了 15 世纪初，情况才起了根本性的变化. 吴文俊教授在文 [2] 中是
这样说的："早在大约从 15 世纪初开始的文艺复兴时期起，工业、农
业、航海事业与商贾贸易的大规模发展，形成了一个新的经济时代.
宗教改革与对教会思想禁锢的怀疑，东方先进科学技术通过阿拉伯的
传入，以及拜占庭帝国覆灭后希腊大量文献的流入欧洲，在当时的知
识阶层前面呈现出一个完全崭新的面貌，等待着他们充分发挥聪明才
智.

　　无数伟大的思想家在这种大时代气息的培育下应运而生，现代科
学也在与宗教迷信的顽强斗争中应运而生，**与新时代的要求相适应的
新数学也因之应运而生**.

　　文艺复兴初期一位多才多艺具有代表性的思想家 Leonando da
Vince（1452~1519）是现代科学的先驱者之一. 他提倡寻找数量关
系，认为"人们的探讨不能称为是科学的，除非通过数学上的说明和
论证". 时代的要求促成数学上一个空前活跃和富有创造性时期的诞
生. 例如测量、航海与地图绘制等促成几何学与三角学的发展；而绘
画对透视深入认识的要求成为射影几何发展的出发点. 更为重要的是，
对解决各种问题的普通科学方法的研究，导致 P. de Fermat 与 R.
Descartes 创造了坐标几何，或所谓解析几何，为微积分的创造提供了
必要的技术条件". 吴文俊教授的上述论述十分简明扼要地说明了文艺
复兴促使了新数学，即微积分的诞生.

　　微积分诞生于 17 世纪下半叶，而在 17 世纪上半叶，就成了微积
分酝酿产生的半个世纪. 在这个时期，在自然科学的各个领域都发生
了重大事件，以天文、力学为例，有如下的重大事件.

　　伽利略（Galileo Galilei，1564~1642）制造了第一架天文望远镜，
对天空的观察获得了大量的天文发现. 之后，开普勒（Johannes Ke-

pler, 1571~1630) 经过长期对行星运动的观察, 得到了行星运动的三大定律. 大意为:

(1) 行星运动的轨道是椭圆, 太阳位于该椭圆的一个焦点;

(2) 由太阳到行星的矢径在相等的时间内扫过的面积相等;

(3) 行星绕太阳公转周期的平方, 与其椭圆轨道的半长轴的立方成正比.

对于这样的经验定律, 如何来"通过数学上的说明和论证"?

在力学方面, Galilei 建立了自由落体定律、动量定律等, 为动力学奠定了基础. 但这些定律有待于"通过数学上的说明和论证".

凡此种种, 标志着从文艺复兴以来在资本主义生产力刺激下蓬勃发展的自然科学, 到了 17 世纪开始进入综合突破的阶段. 而这所面临的数学困难, 最后汇总成四个核心问题, 并最终导致微积分的产生. 这四个问题是: **运动中速度、加速度与距离之间的互求问题**, 尤其是非匀速运动, 使瞬时变化率的研究成为必要; **曲线求切线的问题**, 例如要确定透镜曲面上的任一点的法线等; 由确定炮弹最大射程, 求到行星轨道的近日点与远日点等问题提出的求**函数的极大值、极小值问题**; 当然还有千百年来人们一直在研究**如何计算长度、面积、体积与重心等问题**. 不过此时由于计算行星沿轨道运动的路程, 行星矢径扫过的面积等问题的提出而显得格外使人有兴趣.

在微积分创立之前, 在 Fermat, Descartes, 帕斯卡 (B. Pascal, 1623~1662), Kepler, 沃利斯 (J. Wallis, 1616~1703), 巴罗 (Isaac Barrow, 1630 ~ 1677), 卡瓦列利 (Bonaventura Cavalieri, 1598 ~ 1647), Galileo 等难以计数的 16、17 世纪的先驱数学家们的不断探索下, **第一, 二, 三问题导致微分的概念, 第四个问题导致积分的概念**. 虽然微分与积分在当时还是比较朦胧的概念, 而且是独立发展的, 但在这个时期有很多重要的工作, 为微积分的诞生作了铺垫. 例如: Kepler 为了求一个酒桶的最佳比例于 1615 年发表了《测量酒桶的新立体几何》一书, 论述了如何求圆锥曲线围绕其所在的平面上某直线旋转而成的立体如何计算体积. 他实际上用了无穷小元素之和来确定曲边形的面积及旋转体的体积，对后来积分概念的产生起了很大作用. Fermat 与 Descartes 创立了解析几何后，成为将坐标方法引进微分学问题研究的前锋. Descartes 于 1637 年在《几何学》一书中提出了求切线的一种方法，他的方法实际上是一种代数方法，但这对推动微积分的早期发展起了很大的影响. 1637 年 Fermat 提出了求极大值与极小值的代数方法. 他的方法几乎与现在教科书中求极大值与极小值的方法是一样的. 在第二讲第 2.2 节中，求 $\int_0^a x^n \mathrm{d}x$，$n$ 为正整数的方法是当年 Fermat 给出的. 而 Cavalieri 在 1635 年的著作《用新方法促进的连续不可分量的几何学》一书中，利用他的"不可分量"的"Cavalieri 原理"，给出了另一个证明. 但是最为重要的，也许是 Barrow 的贡献，他在 1669 年出版的《几何讲义》一书对微积分的创立起了巨大的作用. 他以几何的面貌，用语言表述了**"求切线"和"求面积"是两个互逆的命题**. 而他本人对于这个接近于微积分基本定理的重大发现并不重视. Barrow 是 Newton 的老师，是英国剑桥大学第一任"路卡斯（Lucas）教授"，也是首批英国皇家学会会员. 当他发现 Newton 的学识已超过自己时，便主动于 1669 年将此"Lucas 教授"让位于 27 岁的 Newton，这种高风亮节的品德与风格，实在令人钦佩，这件事也成了科学史上的一段佳话. Barrow 对求曲线的切线的问题与求曲线下所围面积的问题之间关系的论述，不仅 Newton 作为他的学生应亲受其益，即使是 Leibniz，据知也曾研究过他的著作.

从以 Barrow 等人为代表的这些微积分的先驱们的贡献，可以看出：**Newton 与 Leibniz 是生长在微积分诞生前的水到渠成的年代. 这时巨人已经形成**，Newton 与 Leibniz 之所以能完成微积分的创立大业，正是由于他们站到了前辈巨人们的肩膀上，才能居高临下，才能高瞻远瞩，终于获得了真理. 可以这样说：微积分的产生是量变（先驱们的大量工作的积累）到质变（Newton 与 Leibniz 指出微分与积分是对矛盾）的过程，是当时历史条件（资本主义萌芽时期）下的必然产物.

## 4.2 微积分的创立

**微积分基本定理的建立标志着微积分的诞生**，而这是 Newton 与 Leibniz 的功勋，是他们创立了微积分.

Newton 于 1642 年出生在英国的一个农民家庭，是早产遗腹子，勉强存活. 17 岁时，母亲召他从中学回田庄务农，由于他舅父及中学校长的竭力劝说，他的母亲在 9 个月后才允许他返校学习. 中学校长对他母亲说："在繁杂的农务中埋没这样的天才，对世界来说将是多么巨大的损失！"成了伟大的预言. Newton 于 1661 年入剑桥大学，受教于 Barrow. 1665 年 8 月，因瘟疫剑桥大学关闭，Newton 回家乡避疫两年，在这期间，他制定了研究与发现微积分、万有引力及光学的蓝图. 他的这三项伟大贡献中的任何一项，都足使他名垂青史.

Newton 对微积分的研究始于 1664 年，他钻研 Galileo，Kepler，Wallis，尤其是 Descartes 的著作，深受他们的影响. 于 1665 年 5 月发明"正流数术"（微分法），1666 年 5 月发明"反流数术"（积分法）. 1666 年 10 月将此整理成文名为《流数简论》（Tract on Fluxions）. 此文虽未发表，却是历史上第一篇系统的微积分文献. 他以动力学为背景，以速度形式引进"流数"（即微商）. 他在此文中给出微积分基本定理. 他是这样推导的. 在图 4.1 中，令 $ab = x$，函数 $q = f(x)$ 描绘曲线为 $acf$. 记曲边三角形 $\triangle abc$ 的面积为 $y$. 作 $de /\!/ ab \perp ad /\!/ be = p = 1$. 当垂线 $cbe$ 以单位速度向右移动时，$eb$ 扫出面积 $abed = x$ 的变化率为 $\dfrac{\mathrm{d}x}{\mathrm{d}t} = p = 1$，$cb$ 扫出面积 $\triangle abc = y$ 的变化率 $\dfrac{\mathrm{d}y}{\mathrm{d}t} = q\dfrac{\mathrm{d}x}{\mathrm{d}t} = q$. 由此得到

$$\frac{\mathrm{d}y}{\mathrm{d}t} \bigg/ \frac{\mathrm{d}x}{\mathrm{d}t} = \frac{q}{p} = q = f(x)$$

这就是说，面积 $y$ 在点 $x$ 处的变化率是曲线在该处的值 $q$. 这就是微

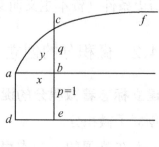

图 4.1

积分基本定理. **即积分后再微商就是函数自己**. 作为例子，他计算出 $y = x^n$ 从 0 到 $x$ 的曲线掩盖的面积为 $\dfrac{x^{n+1}}{n+1}$，以及 $y = \dfrac{x^{n+1}}{n+1}$ 的曲线的斜率为 $x^n$ 等.

　　Newton 一反过去将面积看作无穷小不可分量之和的观点来算面积，而是明确提出计算面积与求切线是两个互逆问题. 他说：**一旦反微分问题可解，许多问题都将迎刃而解**. 他将从古希腊以来用无穷小的方法来解各种问题的特殊技巧统一为两类算法，正、反流数术，即微分与积分，并指出两者是互逆关系，即是一对矛盾. 这就标志着微积分的诞生. 由此可见，微积分的诞生的确是"**数学中一步真正的进展**"，它是"**更有力的工具和更简单的方法**"，的确"**有助于理解已有的理论**"，如古希腊以来用无穷小的方法来解各种问题的特殊技巧，并把这些内容都可以"**抛到一边**".

　　在《流数简论》中还应用已建立起来的统一算法，用来求曲线切线、曲率、拐点、曲线求长、求面积、求引力与引力中心等 16 类问题，显示了这种算法的普遍性、系统性及强大威力.

　　《流数简论》标志这微积分的诞生，当然还不成熟，之后 Newton 花了四分之一世纪的时间来不断改进与完善他的学说，为此他先后写了三篇微积分的论文. 它们为：

　　（1）《运用无限多项方程的分析》（De analysi per acquationes numero terminorum infinitas），1669；

(2)《流数法与无穷级数》(Methodus Fluxionum et sevierum infini-tarum), 1671;

(3)《曲线求积术》(Tractatus de quadratura curvarum), 1691.

这三篇到了 18 世纪才发表的论文, 反映了其微积分学说的发展过程, 对微积分的基础不同时期的不同认识.

在文 (1)、(2) 中都是以无穷小量作为微积分算法论证基础. 例如在 (1) 中, 叙述了曲线 $y = f(x)$ 下面积的求法. 设 $y = ax^{\frac{m}{n}}$, 则此曲线由 0 到 $x$ 所盖面积为

$$z = \frac{na}{m+n} x^{\frac{(m+n)}{n}}$$

他是这样做的: 取 $x$ 的无穷小增量 "瞬" 为 $o$, 以 $x + o$ 代替 $x$, $z + oy$ 代替 $z$, 则

$$z + oy = \frac{na}{m+n}(x+o)^{\frac{m+n}{n}}$$

用二项式定理展开后, 以 $o$ 除两边, 略去 $o$ 的项, 即得 $y = ax^{\frac{m}{n}}$, 反过来就知曲线 $y = ax^{\frac{m}{n}}$ 下的面积是

$$\frac{na}{m+n} x^{\frac{m+n}{n}}$$

在文 (3) 中, Newton 改变了 (1)、(2) 文中的做法, 他说: "在数学中, 最微小的误差也不能忽略, ……在这里, 我们认为数学的量不是由非常小的部分组成的, 而是用连续的运动来描述的". 在此基础上定义了流数, 并提出 "首末比方法". 例如: 求 $y = x^n$ 的流数, 将 $x$ 变成 $x + o$, $x^n$ 则变为

$$(x+o)^n = x^n + nox^{n-1} + \frac{n(n-1)}{2}o^2 x^{n-2} + \cdots$$

构成这两变化的 "最初比" 为

$$\frac{(x+o)-x}{(x+o)^n - x^n} = \frac{1}{nx^{n-1} + \frac{n(n-1)}{2}x^{n-2}o + \cdots}$$

然后设增量 $o$ 消逝, 它们的 "最终比" 就是 $\dfrac{1}{nx^{n-1}}$. 也就是 $x$ 的流数
与 $x^n$ 的流数之比, 这种 "首末比方法", 相当于求函数自变量变化与
应变量变化之比的极限, 成为极限方法定义微分的先导.

　　Newton 于 1687 年出版的《自然哲学的数学原理》(Philosophiae
naturalis principia mathematica) 是他的代表作, 是一部力学名著, 也
是数学史上划时代著作. 全书从三条基本力学定律出发, 以微积分为
工具, 严格地推导证明了包括 Kepler 行星运动三大定律、万有引力等
一系列结论, 并用微积分于流体运动、声、光、潮汐、彗星以至宇宙
体系, 充分显示了微积分的威力. 以至被 Einstein 称之为 **无比辉煌
的演绎成就**. 在此书中, 既用了 "首末比方法", 也保留了无穷小量
"瞬" 来讲述微积分, 成为后来对微积分的基础产生争议的伏笔. 实际
上, Newton 时代, 微积分严格化的条件并不成熟, 他一面大胆创新,
广泛应用的同时, 对微积分的基础作不断探索, 说明他对基础存在的
困难的深刻理解与谨慎态度.

　　Newton 是科学巨人, 在科学的很多领域都有杰出的贡献. 在数学
上, 除了微积分, 他在代数方程论、几何、数值分析、几何概率等等
都有杰出的贡献, 都有大量以他命名的公式、定理与理论.

　　Leibniz 于 1646 年出生在法国的一个教授家庭. 在莱比锡大学学
习法律, 1667 年获阿尔特多夫大学法学博士学位, 之后一生从政. 他
也学习了 Galileo, Kepler, Pascal, Descartes 以及 Barrow 的著作, 深受
他们的影响. 1672 年至 1676 年, 他在巴黎工作期间, 他的许多科学
成就, 包括微积分的创立都在此期间完成或奠定了基础.

　　与 Newton 的流数论以动力学为背景不同, Leibniz 创立微积分是
从几何问题的思考出发的. 他从 Pascal 的工作受到启发, 于 1673 年提
出了 **特征三角形**. 所谓特征三角形是: 对一条曲线上的一点 $P$, 取与
$P$ 相邻在曲线上的点 $Q$, 则曲线上的短弧 $PQ$, 长度为 $\mathrm{d}s$, 在 $x$ 轴上
投影的长度为 $\mathrm{d}x$, 在 $y$ 轴上的投影的长度为 $\mathrm{d}y$, 这样, $\mathrm{d}s$, $\mathrm{d}x$ 与

$dy$ 组成了特征三角形. Leibniz 对特征三角形进行研究, 得到了很多结果包括前人已经得到的结果, 更为重要的是, 他通过对特征三角形的研究认识到: 求曲线的切线依赖于纵坐标的差值与横坐标的差值当这些差值变成无穷小时之比, 而求曲线下的面积则依赖于无穷小区间上的纵坐标之和, 且看出了这两类问题的互逆关系.

Leibniz 是如何发现微积分基本定理的?

他在 1666 年, 研究了数列问题, 他讨论了平方序列

$$0,1,4,9,16,25,36,\cdots$$

及其一阶差

$$1,3,5,7,9,11,\cdots$$

与二阶差

$$2,2,2,2,2,\cdots$$

他注意到一阶差数列, 前几项之和, 就是平方数列的最后一项, 这里序列求和运算与求差运算有互逆关系. 他利用解析几何, 把曲线的纵坐标用数值表示出来, 且看成是一个由无穷多个纵坐标 $y$ 组成的序列, 其对应 $x$ 值的序列, $x$ 被看作是确定纵坐标序列的次序. 考虑任意两相继的 $y$ 值之差的序列. 他发现, **"求切线不过是求差, 求面积不过是求和"**. 他从简单的 $y = x$ 开始, 经过不断的艰苦努力, 一直到 1676 年, 他计算出 $\mathrm{d}x^{\mu} = \mu x^{\mu-1}\mathrm{d}x$ 及

$$\int x^{\mu}\mathrm{d}x = \frac{x^{\mu+1}}{\mu+1}$$

这里 $\mu$ 不一定是正整数 ($\mu > 0$). 1677 年, 他给出了微积分基本定理, 给定一条曲线, 其纵坐标为 $y$, 求该曲线下的面积. Leibniz 假设可以求出一条曲线, 其纵坐标为 $z$, 使得: $\frac{\mathrm{d}z}{\mathrm{d}x} = y$, 即 $y\mathrm{d}x = \mathrm{d}z$. 于是曲线下的面积是: $\int y\mathrm{d}x = \int \mathrm{d}z = z$ (假设曲线通过原点). 于是将求积问题化为反切线问题, 即: 为了求出纵坐标为 $y$ 的曲线下的面积, 只需求出一条纵坐标为 $z$ 的曲线, 使其切线的斜率为 $\frac{\mathrm{d}z}{\mathrm{d}x} = y$.

1684 年，Leibniz 发表了他的第一篇微分学文章《一种求极大与极小值和求切线的新方法》（Nova methodus pro maximis et minimis, itemque tangentibus, quae nec irrationals quantiquantitetes moratur, et singulaze pro illi calculi genus），这是历史上第一篇正式发表的微积分论文．1686 年，他发表了他第一篇积分学文章《深奥的几何与不可分量及无限的分析》(De geometria recondita et analysi indivisibilium atque infinitorum)．

Leibniz 引入了符号 $\mathrm{d}x$，$\int$ 等一直沿用至今，他给出了函数的加、减、乘、除、乘方及开根，以及复合函数的微分公式．著名的 Leibniz 公式是函数乘积的微分公式

$$\mathrm{d}^n(uv) = \sum_{i=0}^{n} C_i^n(\mathrm{d}^i u)(\mathrm{d}^{n-i} v)$$

在积分学的文章中明确论述了积分与微分互为逆运算．

Leibniz 也是科学巨人，他对数学、力学、机械、地质、逻辑甚至哲学、法律、外交、神学和语言都作出了杰出的贡献．在数学上，除了他是创立微积分者之一，他还是数理逻辑的奠基人，二进记数制的发明人，制造计算机的先驱，行列式发现者之一等等．

Newton 与 Leibniz 是他们时代的伟大科学家．他们创立了微积分，尽管在背景、方法与形式有所不同，各有特色，但他们给出了微积分基本定理等一整套微积分的理论，并将它应用于天文、力学、物理等学科，获得了巨大的成功，使整个自然科学带来了革命性影响．

不幸的是，由于局外人的插手，挑起了 Newton 与 Leibniz 之间关于微积分发明的优先权之争．这时 1699 年一位瑞士数学家德丢勒（N. F. de Duillier）提出了"Newton 是微积分的第一发明人""Leibniz 是微积分的第二发明人""曾从 Newton 那里所借鉴"所引起的．理所当然，立即遭到 Leibniz 的反驳．这场争论一直到 Newton 与 Leibniz 去世后才逐渐平息．经过调查，尤其对 Leibniz 手稿的分析，证实他们两个的确是相互独立完成微积分的发明．就发明时间 Newton 早于 Leibniz；就发表时间 Leibniz 早于 Newton.

这场争论是一场悲剧，对整个 18 世纪英国与欧洲大陆国家在数学发展上分道扬镳产生了严重影响. 使英国数学家由于固守 Newton 传统而逐渐远离分析主流. 分析在 18 世纪的重大进展是由欧洲大陆数学家在 Leibniz 的微积分的基础上得到的.

## 4.3 微积分的严格化和外微分形式的建立

微积分的创立，为数学的进一步发展提供了广阔的天地. 由于微积分解决问题的特殊能力，数学家们致力于微积分的多种多样的应用，于是建立了不少以微积分方法为主的分支学科，如常微分方程、偏微分方程、积分方程、变分法等等形成了数学的三大分支之一的"**分析**". 应用微积分方法于几何开拓一个新的几何分支——微分几何，应用于力学上，就有分析力学，于天文上就有天体力学等等. 于是 18 世纪成了分析的时代. 常微分方程、偏微分方程与微分几何现在也已成为大学的数学基础课. 微积分本身在这时期，也在不断地丰满，形成了万紫千红的局面，人们将一元微积分推广到多元微积分，对无穷级数的理论有了极大的发展，积分技巧有很大发展，建立与研究了不少特殊函数等等. 对 17、18 世纪推进微积分及其应用有卓越贡献的英国数学家有 B. Taylor，麦克劳林（C. Maclaurin，1698～1746），棣莫弗（A. de Moivre，1667～1754），斯特林（J. Stirling，1692～1770）等人. 由于微积分发明权的争论滋长的不列颠数学家的民族保守情绪，使英国数学在 Maclarin 后长期陷于停滞状态. 而欧洲大陆，Leibniz 的后继者们推动了分析学科的发展，形成了欣欣向荣的局面. 这些后继者中有：雅各布·伯努利（Jacob Bernoulli，1654～1705）和约翰·伯努利（John Bernoulli，1667～1748）兄弟，L. Euler，克莱罗（A. C. Clairaut，1713～1765），达朗贝尔（J. B. L. R. d'Alemlert，1717～1783），J. L. Lagange，蒙日（G. Monge，1746～1818），拉普拉斯

（P. S. M. de Laplace, 1749～1827）和勒让德（A. M. Legendre, 1752～1833）等. 在这里尤其以 Euler 的贡献影响最大. 我们不可能也不必要在此一一介绍这些伟大数学家的光辉成就, 可参阅数学史的书, 如 [5].

Newton 与 Leibniz 的微积分的基础是不牢固的, 是不严格的. 尤其在使用无穷小概念上的随意与混乱, 一会儿说不是零, 一会儿说是零, 这引起了人们对他们的理论的怀疑与批评. 如果说 Newton 与 Leibniz 创立微积分是微积分发展的第一阶段, 那么由于微积分的基础不牢固而引起人们的指责与批评, 从而引出了人们对微积分基础严格化的努力就成为微积分发展的第二阶段. 从微积分的建立, 到"分析算术化"于 1872 年完成, 使微积分建立在一个牢固的基础上, 而平息了对微积分基础的争论, 历时二百余年.

从微积分诞生之后, 就有人指责它, 如：1695 年荷兰物理学家纽汶蒂（B. Nieuwentyt）就说 Newton 的流数术叙述"模糊不清", Leibniz 的高阶微分"缺乏根据"等. 最有名的抨击来自英国哲学家、牧师伯克莱（G. Berkeley, 1685～1753）. 1734 年, 他写的小册子《分析学家, 或致一位不信神的数学家》（The analyst, a discourse addressed to an infidel mathematician）, 他说的"不信神的数学家"是指帮 Newton 出版那本《自然哲学的数学原理》的哈雷（E. Haley）. Berkeley 说：数学家们以归纳代替演绎, 用的方法没有合法的证明. 他集中攻击 Newton 的无穷小量, 如上一节中提到的, Newton 用"首末比方法"求得函数 $x^n$ 的流数的过程, 先设 $x$ 有一增量 $o$, 并用它去除 $x^n$ 的增量后得到 $nx^{n-1} + \frac{n(n-1)}{2}x^{n-2}o + \cdots$, 然后又让 $o$ "消失", 得 $x^n$ 的流数为 $nx^{n-1}$. Berkeley 说这里关于增量 $o$ 的假设前后矛盾, 是"分明的诡辩". 他说："这些消失的增量究竟是什么呢？它们既不是有限量, 也不是无穷小, 又不是零, 难道我们不能称它们为消逝量的鬼魂吗？"他对 Leibniz 的微积分也大加抨击, 认为那些正确的结论, 是从错误的原理出发通过 "错误的抵消" 而得到的.

Berkeley 对微积分的攻击是出于宗教的动机, 但的确也揭露了微积分初建时的逻辑缺陷, 于是激发了数学家们为建立牢固基础而奋斗的决心. 在第二讲中第 2.1 节中引用的马克思的 1882 年的那封信中说到的, "牛顿和莱布尼兹的神秘方法", "达朗贝尔和欧拉的唯理论的方法", "拉格朗日的严格的代数方法" 等正是反映了当时人们为了克服微积分早期的缺陷所作的努力. D'Alembert, Euler 与 Lagrange 的确是企图用代数化的途径来克服微积分基础上的缺陷的领头人. 他们的这些努力成了微积分严格化的前奏, **而微积分的严格化正是在他们工作的影响下到 19 世纪才完成. 在 18 世纪, 数学家们也许花更多的力气于将微积分应用到各个方面, 致力于建立起一个又一个以微积分方法为主的各种新的分支学科.**

经过百年努力, 微积分严格化到 19 世纪初就见到效果. 捷克数学家波尔察诺 (B. Bolzano, 1781~1848), 在 1817 年的著作中, 已经给出了包括函数连续性、导数等概念的合理的定义. 他甚至是第一个给出了连续函数处处不可微的例子的数学家. 由于种种原因, 他的工作长期不为人所注意, 湮没无闻. 而开始有重大影响的微积分严格化的第一位数学家是法国的柯西 (A. L. Cauchy, 1789~1851). 他对微积分巨大的贡献是引进了严格的方法. 见于他的三大著作: 《工科大学分析教程》 (Cours d'analyse de l'École polytechnique 1821), 《无穷小计算教程概论》 (Résumé des leçons sur le calcul infinitésimal, 1823) 以及《微分学讲义》 (Leccons sur le calcul différental 1829). 通过这些著作, 他赋于微积分以今天大学教科书中的模型, 作出较任何人更多的贡献. 他给出了 "变量"、"函数" 正确的定义, 且突破了函数必须有解析表达式的要求. 他给出了 "极限" 合适的定义, 说 "当同一变量逐次所取的值无限趋向于一个固定的值, 最终使它的值与该定值的差要多小就多小, 那么最后这个定值就称为所有其他值的极限". 他的 "无穷小量" 不再是一个无穷小的固定数, 而定义为: "当同一变量逐次所取的绝对值无限减小，以致比任意给定的数还要小，这个变量就是所谓的无穷小或无穷小量". 并用无穷小量给出了连续函数的定义、并用极限正确定义了微商，微分与定积分. 他的定积分的定义后来被 Riemann 推广成 Riemann 积分，其差别在于求 Riemann 和时，Cauchy 用的是小区间端点上函数之值，而 Riemann 用的是小区间内任意点上函数之值.

在上述这些定义的基础上，**Cauchy 正确地表述并严格地证明了微积分基本定理，中值定理等微积分中一系列重要定理**. 他还对无穷级数进行了认真的处理，明确用极限的概念定义了级数的收敛性，还给出了众多大家熟悉的收敛判别准则.

**Cauchy 的工作是微积分走向严格化的极为关键的一步**. 他的这些定义、定理与论述与现在微积分教科书中的形式相当接近. 尽管 Cauchy 的工作在很大程度上澄清了微积分的基础问题上长期存在的混乱与模糊不清之处，但他的理论也仍存在着要进一步弄清的地方. 例如前面提到的他在定义"极限"时，用到了"无限趋近"、"想要多小就多小"等描述性的语言. 微积分是在实数域上进行讨论的，但到 Cauchy 时代，尽管已是 19 世纪的中叶，对于什么是实数，依然没有作过深入的探讨，仍然是用直观的方式来理解实数. 在 Cauchy 论证的微积分的种种定理中都任意使用了实数的完备性.

前面已说到 Bolzano 第一个给出了连续函数处处不可微的例子，他的例子是用几何方法来构造的，但长期不为人们所注意. 当 1861 年魏尔斯特拉斯（K. Weierstrass, 1815～1897）用式子具体写出一个连续函数却处处不可微的例子时，引起了当时数学界的震惊. 他的例子是

$$f(x) = \sum_{n=0}^{\infty} b^n \cos(a^n \pi x)$$

这里 $a$ 是奇数，$b \in (0, 1)$ 为常数，$ab > 1 + \dfrac{3\pi}{2}$. 人们用直觉来观察函数已成习惯，但要用直觉来观察上述例子是描绘怎样一条曲线几乎是不可能. 这个例子不仅告诉人们连续函数与可微函数是两种不同的

函数，还告诉人们**要彻底来研究微积分以及分析的基础是十分必要的了**. 于是在 19 世纪后半叶有了著名的"分析算术化"运动. 这个运动的领袖是 Weierstrass. 追根寻源，他认为微积分中的一切概念，如极限，连续等都是建筑在实数的概念上，因之实数是分析之源. **要使微积分严格化，必须从源头做起，首先要使实数严格化**.

1857 年 Weierstrass 给出了实数的严格定义，大意是：先从自然数出发定义正有理数，然后由无穷多个有理数的集合来定义实数. 而**他对微积分严格化最突出的贡献是他创造了一整套 $\varepsilon\text{-}\delta$ 语言、$\varepsilon\text{-}N$ 语言，用这套语言重新建立了微积分体系**. 重新定义了极限、连续、导数等微积分中所有的基本概念，用以取代 Cauchy 的"无限趋近"、"想要多小就多小"等描述的语言. 并因此而引入了"一致收敛"概念，消除了微积分中以前出现的错误与混乱. 现在大学微积分教科书中所写的微积分实质上就是 Weierstrass 的微积分. 1857 年 Weierstrass 给出的第一个实数的定义一直未发表，到 1872 年，戴德金（R. Dedekind, 1831～1916）、康托尔（G. Cantor, 1845～1918）、梅雷（H. C. R. Meray, 1835～1911）和海涅（H. E. Heine, 1821～1881）几乎同时发表了各自的包有实数完备性的实数理论，这也标志着由 Weierstrass 分析算术化运动的完成. 当然后来佩亚诺（G. Peano, 1858～1932）用公理化来定义自然数系，也可以看作是分析算术化的余波.

还必须提到的是 1834 年 Riemann 在他的就职论文中定义了 Riemann 积分，这使微积分严格化更加完美.

这是微积分发展的第二阶段，**但是分析算术化运动的完成并未结束微积分发展的历史. 还有一个微积分发展的第三阶段，这就是外微分形式的建立. 因为有了外微分形式的建立，而且只有用了外微分，才能真正说清楚微分与积分在高维空间中是一对矛盾，这就是第二讲第 2.3 节的 Stokes 公式（∗）. 有了这个公式，才使微积分最终划上一个句号，到达了终点，而同时也成为了近代数学入口处之一. 是否可以这样说：一元微积分的微积分基本定理的建立标志着微积分的诞生；**

分析算术化的胜利标志着微积分严格化的完成；外微分形式的产生，建立了多元微积分的微积分基本定理，标志着微积分的完成，并从古典走向近代.

　　19 世纪末，**Poincaré 指出了多重积分的体积元素应有一个正负定向，这个重大发现，导致了外微分形式的出现**. 1899 年 E·嘉当（Elie Cartan，1869~1951）明确定义了外微分形式、外导数等[6]，1922 年，他十分明确地写出了第二讲第 2.3 节中的 Stokes 公式（∗）. 1899 年，Poincaré 给出了著名的 Poincaré 引理及其逆[7]. 后经他们及弗罗贝尼乌斯（F. C. Frobenius，1849 ~ 1917）、古萨（E. J. B. Goursat，1858~1936）等人的发扬光大，尤其将它应用于微分几何、微分方程等学科上获得了很大的成功，成为近代数学的重要篇章. 外微分形式是近代数学中必不可少的工具与方法.

　　这里还要简单地说一下非标准分析.

　　在前面已经说到，在 Newton 与 Leibniz 建立微积分的阶段，他们往往任意使用无穷小，但在实数域中是没有无穷小的位置的. 实际上，对任给的一个非零实数 $a$，其绝对值的整数倍构成的数列 $|a|$，$2|a|$，$\cdots$，$n|a|$，$\cdots$ 可以超过任何界限，即任给 $m>0$，不论 $m$ 有多大，一定可以找到充分大的正整数 $n$，使得 $n|a|>m$. 这个性质叫做 **Archimedes 性质**. 实数域 $\mathbf{R}$ 就是具有这个性质的数域. 在微积分中，按照 Cauchy 的定义，无穷小量是指无限接近于零的变量，因此乘以任一正整数 $n$ 以后，仍为一无穷小量，即无穷小量不具有 Archimedes 性质，所以不属于 $\mathbf{R}$. Newton 与 Leibniz 当时进行实数运算时，任意运用一个在实数域中不存在的无穷小，以至产生了一会儿是零，一会儿又不是零. 对 "$\dfrac{0}{0}$" 的解释也不能令人满意. 也正因为如此，那时的微积分就遭到一些人的非难与攻击. 经过了近 200 年的努力，分析算术化的成功，有了 $\varepsilon$-$\delta$，$\varepsilon$-$N$ 这一套语言，为微积分打下了牢固的基础，这时候的无穷小量被完全抛弃了，而与此同时，无穷小方法所具

有的直观、简洁、生动活泼的优点也一起被抛弃了. 例如：瞬时速度本来人们直观可以理解的概念，且客观存在. 但为了严格定义它，不得不使用 $\varepsilon$-$\delta$ 语言，费些口舌去定义它.

但是天道好还！在 Newton，Leibniz 建立微积分 300 年后，已经被赶出微积分 100 多年的无穷小又回到了微积分中. 1960 年，罗滨逊（A. Robinson，1918～1974）**运用现代数理逻辑的方法与新成果，主要是模型论的理论，将实数域扩充到包含有数不清的无穷小及无穷大等非标准数的超实数域 $\mathbb{R}^*$**. 而 $\mathbb{R}^*$ 与 $\mathbb{R}$ 一样，其中的元素可以进行四则运算，且遵循一些算术法则. **在 $\mathbb{R}^*$ 上重新讨论微积分**、度量空间及拓扑空间等，以及应用这种思想于别的数学领域，就构成了一门新的学科——**非标准分析**. 从某种意义上讲，他的工作复活了 300 年前 Newton，Leibniz 的无穷小分析.

非标准分析的产生告诉我们：**分析算术化不是微积分严格化的唯一途径**. 但是由于用非标准分析来讲微积分往往要用到很多数理逻辑的知识，这又为多数数学家所不熟悉，所以在微积分的教材中普遍使用非标准分析恐怕一时不易做到. 但是用非标准分析来讲微积分的教材确实是有的. 对非标准分析有兴趣的读者可参阅[8].

最后还要说一下微积分在中国的传播. 由于中国封建社会的长期锁国政策，以至人们在此期间对西方的数学了解甚少. 直到明代末年，才由徐光启（1562～1633）与意大利传教士利玛窦（Metteo Ricci）合作翻译了 Euclid《原本》前 6 卷成中文，并正式刊刻出版，定名《几何原本》. 数学名词"几何"由此而来. 这是西方数学输入中国的一个标志. 之后还通过传教士输入了西方文艺复兴以来产生的数学.

在我国最早引入微积分的是清代的李善兰（1811～1882）. 1859 年，他与英国传教士伟烈亚力（A. Wylie，1815～1887）一起翻译了美国人罗密士（E. Loomis，1811～1899）于 1851 年所著的 "Elements of analytic geometry and of differential and integral calculus" 一书成中文，取名《代微积拾级》. 李善兰首先引入了微分与积分这两个中译名，他大约是取自我国古代成语 **"积微成著"** 而来，这个译名确切地反映了 "微分" 与 "积分" 的涵义，而 "积微成著" 的想法也正好反映了微分与积分的辩证关系. 他在翻译过程中，还创造了大量中文数学名词，其中有许多，如：函数，级数，切线，法线，渐近线，抛物线，双曲线，指数，多项式，代数等被普遍接受而一直沿用至今. 他还与当时的其他学者一起翻译了不少西方数学著作，对西方数学在中国的传播起到了良好的作用. 他本人在数学上也有所创造，如他建立了著名的 "李善兰恒等式"：$\sum_{i=0}^{p} (C_i^p)^2 C_{2p}^{2p+r-i} = (C_p^{r+p})^2$，等. 由于他对当时西方数学的真正了解及继承了清代乾嘉学派的影响，所以才能翻译出十分恰当以至一直沿用至今的那么多的中文数学名词.

## 参考文献

[1]　Boyer C B. The concepts of the calculus, A critical and historical discussion of the derivative and the integrals , Hafner Pub. Com. 1949. 中译本. 微积分概念史. 上海：上海人民出版社，1977

[2]　吴文俊. 龚昇教授《简明微积分》读后感. 数学通报，2000 (1)：44~45

[3]　李文林. 数学史概论（第二版）. 北京：高等教育出版社，2002

[4]　Kline M. Mathematical thought from ancient to modern times, Vol. II, Oxford univ. Press, 1972、中译本，古今数学思想，卷 2，上海：上海科学技术出版社，1980

[5]　吴文俊. 世界著名数学家传记. 北京：科学出版社，1995

[6]　Cartan É. Sur certains express differentielles et le problem de Pfaff, Ann. Sci. Ecole Norm. (3) T. 16, 239~322

[7]　Poincaré H. Les methodes nourelles de la mecanique caleste, 1899

[8]　Robinson A. Non-Standard analysis, North-Holland Pub. Com. 1974. 中译本，非标准分析，北京：科学出版社，1980

# 第五讲 微积分严格化之后

## 5.1 微积分的深化与拓展

在上一讲第 4.3 节中讲到：1872 年，实数理论建立标志着分析算术化运动的胜利完成，也标志着微积分严格化的胜利完成．微积分现行教材就是以 Cauchy, Weierstrass, Riemann 等为代表的数学家们经过基础严格化后形成的形式来编写的．虽然已经经历了一百多年，但大多数教材形式依旧．用上一讲中讲到的微积分发展的第三阶段所产生的外微分形式来讲微积分的教材虽有，但依然不多．相信随着时间的推移，接受外微分形式的观点，并以此来编写微积分的教材会愈来愈多．

微积分基础完成了严格化之后，对整个数学都面目一新．微积分更为深入、广泛地渗透到数学的各种分支中去．已有的分支得到了更为深刻的发展，新的分支不断产生．但以微分与积分作为主要矛盾的微积分自身的理论是怎样往前发展的？走向何处？拙见以为有以下三个方面．

一个是微积分的深化与拓展．由于原有微积分固有的一些缺陷逐渐显示出来，使微积分的发展受到了很大的局限性．为了克服这些缺陷，必须深化与拓展微积分的概念．

第二个是将在实数域上讨论的微积分扩充到复数域上来讨论微积分．

在微积分严格化以后发展起来的上述两个方向，已不属于微积分的范畴．因此，不能作为微积分发展的新阶段，而应作为独立学科来讨论．

用外微分形式建立起来的，说明多元微积分中微分与积分是一对矛盾的 Stokes 公式（＊）是古典微积分的终点，且使微积分从古典走向现代．从此微积分走上了新的康庄大道，流形上的微积分．

在这一讲中，将就上述三个方面作十分简略的介绍．在这一节中先讲第一个方面．

**微积分严格化之后，虽然使数学整个的面貌起了很大变化，但同时却显现出它的一些缺陷，主要有以下四点．**

（1）微积分基本定理说：若函数 $f(x)$ 在 $[a,b]$ 中可微，且 $f'(x)$ 在 $[a,b]$ 上 Riemann 可积，则

$$\int_a^b f'(x)\mathrm{d}x = f(b) - f(a)$$

成立，这里要求 $f(x)$ 在 $[a,b]$ 上可微，且 $f'(x)$ 在 $[a,b]$ 上 Riemann 可积，这是很强的要求．例如：即使像 $f(x)=\sqrt{x}$ 这样简单的函数，如果 $a=0$，$b=1$，则 $f(x)$ 在 $a=0$ 处在通常意义下是不可微，而函数 $\frac{1}{2}x^{-\frac{1}{2}}$ 在 $[0,1]$ 上，在通常意义下不是 Riemann 可积的，故上述公式对这样简单的例子就不能适用．而且即使 $f(x)$ 在 $[a,b]$ 上可微，也不能保证 $f'(x)$ 在 $[a,b]$ 上 Riemann 可积．上述例子与对 $f$ 的要求，说明原有的微分、积分概念的局限性．**要想微积分进一步发展，必须拓展微分与积分的概念．**使上述公式在更为广泛的意义下成立．

（2）Lebesgue 曾证明过如下重要定理：在一个闭区间上有界的函数是 Riemann 可积的当且仅当这个函数的间断点集合的测度为零．

也就是说：**Riemann 可积函数，基本上是连续函数，与之相差的不过在一个测度为零的集合上．**这样的函数类当然是太小了，尤其在上一讲第 4.3 节中已经知道：存在处处不可微的连续函数，使得人们认识到：连续函数类与可微函数类相距甚远！这也告诉我们：必须拓展原有积分的概念，否则微积分难于前进．

（3）**在原有微积分的框架下，很多定理都要求很强的条件．**例如：
(i) 若 $f_n(x)$，$n=1, 2, \cdots$，在 $[a,b]$ 上连续，且一致收敛于

$f(x)$，则 $f(x)$ 在 $[a, b]$ 上连续，且

$$\lim_{n \to \infty} \int_a^b f_n(x) dx = \int_a^b f(x) dx$$

如果"一致收敛"的条件不满足，则有反例说明上述结论均不成立.

(ii) 若 $D$ 为矩形 $[a, b] \times [c, b]$，$f$ 在 $D$ 上连续，则

$$\iint_D f(x,y) dx dy = \int_a^b dx \int_c^d f(x,y) dy = \int_c^d dy \int_a^b f(x,y) dx$$

(4) **Riemann 可积函数空间是不完备的**，即不是一个巴拿赫（S. Banach，1892~1945）空间. 这就大大限制了积分理论的进一步发展.

具体的可叙述为：若定义区间 $[a, b]$ 上的 Riemann 可积函数空间中的两个函数 $f$ 与 $g$ 的距离为（当然还可以定义别的距离）

$$d(f,g) = \int_a^b |f(x) - g(x)| dx$$

若 $\{f_n\}$ 是 $[a, b]$ 上的一个 Riemann 可积函数序列，且 $\lim_{m,n \to \infty} d(f_n, f_m) = 0$，则不能保证一定存在 Riemann 可积函数 $f$，使得 $\lim_{n \to \infty} d(f_n, f) = 0$.

以上四个问题，显示了原来微积分的缺陷与局限性，促使人们重新考虑更深化、更拓展微分与积分的概念与理论，来克服这些缺陷，拓宽局限性.

由 Cantor，Lebesgue 等人经过艰苦努力建立了一整套理论，使微积分的面貌焕然一新，**其核心部分是 Lebesgue 积分理论**. 这整套理论现今称为实变函数或实分析，成为现代数学中的重要内容，且成为重要的一种数学语言（另外重要的数学语言还有：代数语言、拓扑语言等等）. 也就是说，当人们要叙述或论证一些数学命题、定理、假设或理论时，必须要用这些数学语言来叙述或论证. 实分析在概率论、数理统计、调和分析、泛函分析等等各种学科中的作用尤为显著. Cantor 有关集合论的第一篇革命性文章[1]发表于 1874 年，而 Lebesgue 关于 Lebesgue 积分理论的叙述首先在他的博士论文[2]中出现，时为 1902

年.

以下十分简单地介绍一下 Lebesgue 积分.

为了建立积分, 先要定义如何来度量一个集合的"长度", 这就是 Lebesgue 测度.

设 $E$ 为有界区间 $[a, b]$ 中的一个集合, 集合中的点被有限个或可数无限个互不重迭的开区间集 $d_1$, $d_2$, … 所包含, 这些区间的长度分别为 $\delta_1$, $\delta_2$, …. $\sum \delta_i$ 下界定义为集合 $E$ 的外测度 $m_e(E)$. $b-a$ 减去 $E$ 在 $[a, b]$ 中的余集的外测度定义为 $E$ 的内测度 $m_i(E)$. 若 $m_i(E) = m_e(E)$, 则称 $E$ **可测**, 记测度为 $m(E)$.

若 $f(x)$ 是定义在 $E$ 上的实函数, 若对任意实数 $A$, 集合 $\{x \in E | f(x) > A\}$ 可测, 则称 $f(x)$ 是 $E$ 上**可测函数**.

若 $f(x)$ 是可测集 $E$ 上有界可测函数, 且当 $x \in E$ 时, $A \leqslant f(x) \leqslant B$. 在 $[A, B]$ 上取点 $l_1$, …, $l_{n-1}$, 使得

$$A = l_0 < l_1 < l_2 < \cdots < l_{n-1} < l_n = B$$

令 $e_r = \{x \in E | l_{r-1} \leqslant f(x) \leqslant l_r\}$, $r = 1, 2, \cdots, n$, 作

$$S = \sum_1^n l_r m(e_r), \quad s = \sum_1^n l_{r-1} m(e_r)$$

若 $S$ 的最大下界为 $J$, $s$ 的最小上界为 $I$. 如果 $I = J$, 则称 $f$ 在 $E$ 上 **Lebesgue 可积**, 且记 $I = J = \int_E f(x) \mathrm{d}x$, 称为函数 $f(x)$ 在集合 $E$ 上的 **Lebesgue 积分**.

从这个简单的定义中可以看出 Lebesgue 积分与 Riemann 积分有本质上的不同. 其不同之处也许用 Lebesgue 自己的说法来说明是最为恰当的了. 他说: 假如我欠了人家许多钱, 现在要还, 此时, **先按钞票面值的大小分类, 然后计算每一类的面额总值, 再相加, 这就是我的积分思想. 如不按面值大小分类, 而是按从钱袋中摸出的先后次序来计算总数, 那就是 Riemann 积分的思想.**

由于这套理论的建立, 使微积分能在一个更为广阔的天地中发挥

它的作用．而对微积分本身的理解，与原有的认识相比，也达到了更为深刻的地步，这套理论将微积分推向到一个更高的层次．

从上述定义中可以看出：**可测集是由区间来定义的，且是区间的推广；可测函数不一定连续，是连续函数的扩充；Lebesgue 积分是 Riemann 积分的推广，Riemann 可积函数一定 Lebesgue 可积，但反之不真**．最简单的例子是 Ditichlet 函数 $\varphi(x)$，它定义在区间$[0,1]$上，当 $x \in [0,1]$ 为有理数时，$\varphi(x)=1$；当 $x \in [0,1]$ 为无理数时，$\varphi(x)=0$，这是一个处处不连续的函数，显然不是 Riemann 可积函数，但易见这是 Lebesgue 可积函数，且 $\int_0^1 f(x)\mathrm{d}x = 0$．所以 Lebesgue 积分的确拓宽了原有 Riemann 积分．有了这个拓宽，上述说到的原有微积分的缺陷与局限性，尤其是前面说到的四个问题，都得到了改善或解决．

（1）**在 Lebesgue 积分意义下，若函数 $f(x)$ 是在区间 $[a,b]$ 上绝对连续，**（见注 1）则 $\int_a^x f'(t)\mathrm{d}t = f(x) - f(a)$ 成立，$x \in [a,b]$．如前面提到的例子，$f(x)=\sqrt{x}$ 是 $[0,1]$ 上的绝对连续函数，故在 Lebesgue 积分意义下，微积分基本定理成立，还可以得到一些使微积分基本定理成立的较为宽阔的条件，如：若 $f$ 在 $[a,b]$ 上处处可微，且 $f'$ 在 $[a,b]$ 上 Lebesgue 可积，则微积分基本定理成立等．

（2）在 Riemann 积分意义下，考察的函数类几乎是连续函数类；而**在 Lebesgue 积分意义下，考察的函数类就可扩充为可测集上的可测函数类**，这是一个很大的扩充．

（3）**一些在原有框架下，要求很强的定理，在 Lebesgue 积分意义下，可以松绑．**

例如原微积分意义下的 3(i) 可宽松为：若 $u_n(x), n=1,2,\cdots$ 是可测集 $E$ 上的可测函数，且在 $E$ 上几乎处处收敛到 $u(x)$，则 $u(x)$ 也是 $E$ 上的可测函数．不但如此，如果在 $E$ 上还存在一个 Lebesgue 可积函数 $g(x)$，使得对每一个 $n \geqslant 1$，在 $E$ 上有 $|u_n(x)| \leqslant g(x)$ 几乎处处成

立，则

$$\lim_{n\to\infty}\int_E u_n(x)\mathrm{d}x = \int_E \lim_{n\to\infty}u_n(x)\mathrm{d}x = \int_E u(x)\mathrm{d}x$$

这是著名的 Lebesgue 控制收敛定理，比起原有的收敛定理条件要宽松多了.

同样，前面说到的 3（ii）可以宽松为著名的 Fubini 定理：若 $f$ 在 $\mathbf{R}^n$Lebesgue 可积，$(x, y)\in\mathbf{R}^n$，这里 $x\in\mathbf{R}^p$，$y\in\mathbf{R}^q$，$p+q=n$，$p\geqslant0$，$q\geqslant0$，则

1° 对于几乎所有的 $x\in\mathbf{R}^p$，$f(x, y)$ 是 $\mathbf{R}^q$ 上的 Lebesgue 可积函数；

2° 积分 $\int_{\mathbf{R}^q}f(x,y)\mathrm{d}y$ 是 $\mathbf{R}^p$ 上的 Lebesgue 可积函数；

3° $\int_{\mathbf{R}^n}f(x,y)\mathrm{d}x\mathrm{d}y = \int_{\mathbf{R}^p}\mathrm{d}x\int_{\mathbf{R}^q}f(x,y)\mathrm{d}y = \int_{\mathbf{R}^q}\mathrm{d}y\int_{\mathbf{R}^p}f(x,y)\mathrm{d}x.$

显然 Fubini 定理的条件比原有定理的条件宽松多了.

（4）前面说到 Riemann 可积函数空间是不完备的，即不是 Banach 空间，但 Lebesgue $p$ 次可积函数空间 $L^p$（$p\geqslant1$）（见注 2）却是完备空间，即 Banach 空间，尤其是 $L^2$ 空间是 Hilbert 空间，具有了更多更好的性质，这就克服了原有 Riemann 积分的一个重大缺陷.

前面说到过可测集与区间、可测函数与连续函数等的关系，1944 年，李特尔伍德（J. E. Littlewood，1885~1977）曾写过一本叫《函数论讲义》的书[3]. 他说了这样一段话："知识的范围不像有时设想的那样大. 有三条原理，大致可表达为：**每个（可测）集几乎是有限个区间的并；每个（可测）函数几乎是连续的；每个（可测）函数的收敛序列几乎是一致性收敛的**.（实函数论）中的大多数结果是这些概念的完全直觉的应用，而学生们掌握了这些，等于掌握了大多数情况下实变数理论所要求的. 若可以看到由一个原理可以"很好"地证实一个问题的正确性，那么自然要问"几乎"应充分接近到怎样的程度，这个问题就可以确切地解决了."

Littlewood 的这一番话是近 60 年前说的，现在读来依然感到很有意思，很重要，是画龙点睛之笔．他紧紧抓住了实函数论中三个最重要的概念，指出了：可测集与有限个区间之并；可测函数与连续函数；可测函数序列的收敛与一致收敛之间的区别与联系．这不仅仅指出了如何来思考与解决新的理论中的问题的途径，而且还指出了**新的理论与原有理论尽管有本质上的不同，克服了原有理论中的种种缺陷，但又与原有的理论从某种意义上讲是相距不远的，指出了这两者之间十分亲密的血缘关系**．

在实分析中，的确不断出现以体现 Littlewood 三条原理形式的定理．举下列三个例子．

**例 1**（体现原理 1） 若 $E$ 为集，且外测度 $m_e(E)$ 有限，则 $E$ 为可测集当且仅当：任给 $\varepsilon>0$，有一有限开区间之并 $V$，使得这里 $m_e(V\Delta E)<\varepsilon$，这里 $A\Delta B=(A\sim B)\bigcup(B\sim A)$，而且 $B\sim A=\{x\,|\,x\in B \text{ 及 } x\notin A\}$．

粗略地说：**集合 $E$ 与有限开区间之并之差可以任意小**．

**例 2**（体现原理 2） 若 $f$ 是定义在 $[a,b]$ 上的可测函数，$f$ 取 $\pm\infty$ 的集合的测度为零，则任给 $\varepsilon>0$，可以找到一个阶梯函数 $g$ 及一个连续函数 $h$，使得 $|f-g|<\varepsilon$ 及 $|f-h|<\varepsilon$ 除了一个测度小于 $\varepsilon$ 的集合外都成立．

粗略地说：**可测函数与连续函数及阶梯函数之差去掉一个任意小的集合后，可以任意小**．

**例 3**（体现原理 3）（Egoroff 定理） 若 $\{f_n\}$ 为具有有限测度的可测集 $E$ 上的可测函数序列，几乎处处收敛于 $f$，则任给 $\varepsilon>0$，有 $E$ 的一个子集 $A$，$m(A)<\varepsilon$，使得 $f_n$ 在 $E\sim A$ 上一致收敛于 $f$．

粗略地说：**在 $E$ 上几乎处处收敛的可测函数序列，在 $E$ 上去掉一个任意小的集合后，是一致收敛的**．

当然体现 Littlewood 三条原理的定理还可以举出很多．总之，Littlewood 的三条原理充分说明实分析与原有微积分之间的区别与血缘关系.

　　从以上的论述中, 可以看出实分析的产生, 的确是 **"数学中一步真正的进展"**, 这是 **"更有力的工具和更简单的方法"**, **"有助于理解已有的理论"** 即原有的微分与积分的理论, 而可以把一些原有的理论取而代之, 从而 **"抛到一边"**.

　　注1: 若 $f$ 是 $[a,b]$ 上的实值函数, 且对任意的 $\varepsilon > 0$, 一定有 $\delta > 0$, 使对 $[a,b]$ 中任意有限个两两不相交的开区间 $\{(a_k, b_k)\}_{1 \leqslant k \leqslant n}$, 只要 $\sum_{k=1}^{n} (b_k - a_k) < \delta$, 就有

$$\sum_{k=1}^{n} \left| f(b_k) - f(a_k) \right| < \varepsilon$$

则称 $f$ 为 $[a,b]$ 上的绝对连续函数.

　　注2: 设 $f(x)$ 是可测集 $E$ 上的可测函数, 记

$$\| f \|_p = \left( \int_E \left| f(x) \right|^p \mathrm{d}x \right)^{\frac{1}{p}}, \quad 1 \leqslant p \leqslant \infty$$

使 $\| f \|_p < \infty$ 的全体可测函数记作 $L^p(E)$, 称为 $p$ 次可移函数空间.

## 5.2　复数域上的微积分

　　在实数域上建立了微积分后, 作为微积分自身的理论, 试图将它拓展到复数域上是理所当然的事. 对复数的认识早已有之, 如对方程 $x^2 + 1 = 0$ 的解, 代数方程的解等, 但认真去理解它, 研究它是从 18 世纪才开始, 而到了 19 世纪, 复数域上的微积分, 即复变函数论, 或复分析, 成为了这个世纪中最有影响的数学分支之一, 可以说是这个世纪中占统治地位的数学分支之一. 以至 Gauss 曾说过这样的话: **$\sqrt{-1}$ 所具有的真正的超现实性是难以捉摸的.**

　　复分析既然是复数域上的微积分, 那么它的内容应有两个部分. 一部分是从实数域上的微积分直接平行推广过来的, 这部分的建立往往无多大的困难. 另一部分是实数域上的微积分所没有的, 不能直接

地推广过来的. 前一部分当然重要，但后一部分往往更为引人注意.

原有微积分是由三个部分组成，即微分、积分、指出微分与积分是一对矛盾的微积分基本定理，这些都没有什么困难地可以直接推广到复数域上来. 值得一提的是，微积分基本定理到了复数域上将成为怎样？在复平面$\mathbb{C}$上，这成为了复形式的 Green 公式：若

$$\omega = \omega_1 dz + \omega_2 \overline{dz}$$

为域 $\Omega \subset \mathbb{C}$ 的一次外微分形式，这里

$$\omega_1 = \omega_1(z, \bar{z}), \quad \omega_2 = \omega_2(z, \bar{z})$$

均为 $z$，$\bar{z}$ 的可微函数，d 为外微分算子，即 $d = \partial + \bar{\partial}$，而 $\partial = \dfrac{\partial}{\partial z}$，$\bar{\partial} = \dfrac{\partial}{\partial \bar{z}}$，记 $\Omega$ 的边界为 $\partial\Omega$，则

$$\int_{\partial\Omega} \omega = \iint_{\Omega} d\omega$$

这就是第二讲第 2.3 节中 Stokes 公式（＊）在复平面上的形式. 由此出发，就可以得到著名的 Cauchy 积分公式与 Cauchy 积分定理. Cauchy 积分公式说：若 $L$ 是一条逐段光滑的封闭Jordan曲线，$f(z)$ 在曲线上及由曲线包围的内部连续，且在其内部解析，则在区域内的任一点 $z$，有

$$f(z) = \frac{1}{2\pi i} \int_L \frac{f(\gamma) d\gamma}{\gamma - z}$$

成立. Cauchy 积分定理说：假设如上，则

$$\int_L f(z) dz = 0$$

Cauchy 积分定理是他在 1825 年证明的，但到 1874 年才发表[4]. 当然，Cauchy 原来的证明不是用外微分形式，他还假设了 $f'(z)$ 在 $L$ 上连续. Cauchy 积分公式是他在 1831 年证明的[5]，他还假设了 $f(z)$ 在 $L$ 上解析，后来 Goursat 去掉了这些条件[6]，不难证明：Cauchy 积分定理与 Cauchy 积分公式是相互等价的.

**1825 年及 1831 年 Cauchy 两条定理的建立，标志着复分析作为一**

门独立学科的诞生，也标志着复分析中三个主要内容之一，**Cauchy 理论的开始**．从这两条定理出发，可以得到一系列重要的结束，愈来愈显示出复分析与原有微积分之间的质的不同．但另一方面，从上面的叙述中，可以看出 Cauchy 理论与原有微积分的血缘关系．

就在 Cauchy 为建立复分析而努力的时候．另外还有两位大数学家也正在从不同的角度为建立复分析而努力．

一位是 **Weierstrass**．他治学严谨，逻辑严密．**他从幂级数出发**．对一个幂级数，就有收敛圆，在收敛圆中每一点，再由幂级数展开，于是又有收敛圆，如果后一个收敛圆越出原来的收敛圆，这就是解析开拓，这样步骤一直进行下去，直到不能解析开拓为止．这样他就定义了一个完全解析函数．这是他建立复分析的出发点之一．

在原有微积分的级数理论中的 Taylor 级数等都可以不很困难地推广到复数域中．但在复数域上的微积分中，还有 Laurent 级数，这是原有微积分的级数理论中所没有的．Laurent 级数来源于 1843 年罗朗（P. A. Laurent，1813 ~ 1854）建立的定理：圆环 $D = \{0 \leqslant r < |z-a| < R \leqslant +\infty\}$ 内的任一单值解析函数 $f(z)$ 在 $D$ 内可由一个收敛的 Laurent 级数 $\sum\limits_{k=-\infty}^{\infty} c_k(z-a)^k$ 来表示．事实上 Weierstrass 于 1841 年已经研究了具有正、负幂的级数，即 Laurent 级数，但他直到 1894 年才刊登[7]，从 Laurent 级数出发建立了一整套理论，如整函数、亚纯函数、奇点、值分布理论等等．

另一位数学家 **Riemann，他从几何的观点来考察复分析**，即将函数看作从一个区域到另一个区域的映射．为了研究多值函数理论，他还引入了一个全新的几何概念，即 Riemann 面．这套理论是原有微积分中所没有的．1851 年，Riemann 的博士论文是数学史上一篇重要文献[8]．正如著名数学家阿尔福斯（L. V. Ahlfors，1907 ~ ）所说的，这篇论文不仅包含了现代复变函数论主要部分的萌芽，而且开启了拓扑学的系统研究，革新了代数几何，并为 Riemann 自己的微分几何研

究铺平了道路. 在此文中, 不仅引入了 Riemann 面, 还证明了如下的著名的 Riemann 映射定理: 若 $D$ 为复平面$\mathbb{C}$上的单连通区域, 其边界点至少有二点, 则存在 $D$ 上的单叶全纯函数, 将 $D$ 映射为单位圆 $\Delta = \{z \in \mathbb{C} \mid |z| < 1\}$, 若 $a \in D$, $b \in \Delta$, $0 \leqslant \alpha \leqslant 2\pi$, 则满足 $f(a) = b$, $\arg f'(a) = \alpha$ 的 $f$ 是唯一的. 这个定理说: 拓扑等价导出全纯等价. 这在数学中很少有这样的结果. 当时 Riemann 是用 Dirichlet 原理来证明此定理的. 但这个原理当时被看出有毛病. 以至数学家们纷纷致力于寻求一个正确的证明. 后来, 1870 年, 由诺伊曼 (C. G. Neumann) 与施瓦茨 (H. A. Schwarz) 找到了.

Riemann 映射定理是复变数几何函数论的出发点, 由此发展起一整套优美而重要的理论. Riemann 面实际上就是一维复流形, 更是很多近代数学重要理论的生长点.

1825 年、1831 年开始的 Cauchy 理论, 1841 年开始的 Weierstrass 级数理论, 1851 年开始的 Riemann 几何理论及 Riemann 面理论, 这三套相对独立又紧密联系着的理论, 构成了复数域上的微积分, 成为复分析的主要部分. 在这三套理论中, **Cauchy 积分理论**的根是在原有的微积分中, 这点是比较清楚的 (尽管后来发展的理论已与原有微积分相距甚远); 而 **Weierstrass 级数理论**的来源之一是微积分中的级数理论, 这点也是比较清楚的, 但起主要作用的 **Laurent 级数**却是原有微积分中所没有的; 至于 **Riemann 几何理论**与 **Riemann 面**的理论, 则是全新的理论, 与原有的微积分没有什么关系.

另一方面, **Cauchy 积分理论**中大部分的结果, 可以推广到高维空间, **Riemann 面**推广成高维复流形, 而在 **Weierstrass 级数理论**中作为出发点的 **Laurent 级数**及 **Riemann 的几何理论**的出发点的 **Riemann 映射定理**却不能推广到高维空间.

1906 年, 哈托克斯 (F. M Hartogs) 证明了如下的定理[9]: 若 $\Omega \subseteq \mathbb{C}^n$ $(n \geqslant 2)$ 为域, $K$ 为 $\Omega$ 中紧致子集, 且 $\Omega \setminus K$ 连通, 若 $f$ 在 $\Omega \setminus K$ 上

全纯,则 $f$ 可以全纯开拓到 $\Omega$.因此,想把 C 中的圆环拓展成 $C^n$ $(n\geqslant2)$ 中的球挖去一个小球后的球壳上,将在球壳上定义的全纯映射展开成具有正、负次幂的幂级数已成为毫无意义的事了. 因之,**作为 Weierstrass 级数理论中的作为出发点的 Laurent 级数,在原先的微积分中是没有的,在高维复空间中也是没有的,只有复平面上才有**.因此,复分析中的 Weierstrass 理论也就成为十分独特的理论了.

1907 年,Poincaré 证明了这样的定理[10]:在 $C^n$ $(n\geqslant2)$ 中的单位球 $B=\{z\in C^n\,|\,|z_1|^2+\cdots+|z_n|^2<1\}$ 与多圆柱 $P=\{z\in C^n\,|\,|z_1|<1,\cdots,|z_n|<1\}$ 之间不存在全纯映射,将 $B$ 映为 $P$,这里 $z=(z_1,\cdots,z_n)$.也就是说,到了高维复 Euclid 空间 $C^n$ 当 $n\geqslant2$ 时,区域之间的拓扑等价不能导出全纯等价.因之,**作为单复变数几何函数论的基石的 Riemann 映射定理,也是前无古人,后无来者的**.可以说,Riemann 映射定理是数学中一个十分特别的定理,由此而引发的几何函数理论也是十分优美的理论.

综上所述,这些内容形成了复数域上的微积分,即复分析,成为数学中独有的理论,成为 19 世纪中最有影响的数学分支之一.

将实数域上的微积分拓展到复数域上,成了内容丰富的复分析,那么是否可以将复数域再拓展,成为更一般的域,在这些域上来建立微积分的理论呢?

Frobenius 证明了如下重要的定理:实数域上所有有限维结合可除代数(Division algebra)只有三个,即:实数域、复数域、四元数(quaternion)代数;如果去掉结合性要求,则实数域上还有另一个可除代数,Caylay - Dickson 代数,即 Octonion 代数,在实数域上的维数为 8.

当然也可在四元数代数及 Octonion 代数上建立微积分理论,但是由于四元数代数是不可交换的,Octonion 代数是不可交换又不结合的,在这上面建立微积分能走多远就可想而知,以至至今进展甚微.

如同一元微积分拓展到多元微积分那样,单复变数函数论可以拓展到多复变数函数论. **多元微积分与一元微积分的根本差别在于有外微分形式**,从这点上来看,这两者有质的差异. 同样**多复变数函数论,或多元复分析,与单复变数函数论,或一元复分析相比有本质上的飞跃,它绝不是一元复分析的平行推广,而是大多数的内容都是与一元复分析有质的不同的.** 如前面提到的 Hartogs 定理与 Poincaré 定理就是两个明显的例子. 对多复变数函数的详细介绍当然在这本小书中不可能做到,有兴趣的读者可参阅有关的书籍. 例如 [11].

## 5.3 流形上的微积分

在上一节中十分简单地介绍了将实数域上的微积分拓展到复数域上. 也可以这样说,将实 Euclid 空间上的微积分拓展到复 Euclid 空间上. 从几何的角度来说,另一个重要的拓展是**将实 Euclid 空间拓展到微分流形上**,即建立起微分流形上的微积分,微分流形是现代数学中最为重要的基本概念之一. 大量的现代数学都是在这上面展开的. 但要严格地说清楚什么是微分流形上的微积分要花很大的力气,也实在太费篇幅,在这本小册子中既不可能也不必要来这样做这件事,而只能十分粗略地、不严格地说个大意.

什么是**微分流形**? 这是**一个具有微分机构的局部 Euclid 空间**. 这里要解释的是: 什么是局部 Euclid 空间? 什么叫微分结构?

**一个 $n$ 维的局部 Euclid 空间 $M$ 是一个豪斯多夫 (F. Hausdoff, 1868~1942) 拓扑空间,它的任意一点具有一个邻域同胚于 $n$ 维 Euclid 空间$\mathbb{R}^n$的一个开子集.**

什么是拓扑空间,粗略地讲,这是一个引进了拓扑的集合 $X$,什么叫引进了拓扑,粗略地讲,就是在 $X$ 上定义了开集族,它满足了通常开集族所要求的条件. 一个拓扑空间称为是 Hausdorff 拓扑空间,如果 $x$, $y \in X$,且 $x \neq y$,则有包有 $x$ 开集 $G$,包有 $y$ 的开集 $H$,而 $G \bigcap H = \varnothing$(空集).粗略地讲,Hausdorff 拓扑空间中任意两个不同的点是可以分开的.

　　若 $X,Y$ 是两个拓扑空间,$f$ 将 $X$ 映到 $Y$ 的连续映射,且 $f(X)=Y$,$f^{-1}$ 也是连续映射且 $f$ 为一对一映射,则称 $f$ 为同胚映射,$X$ 与 $Y$ 是同胚的. 若 $\varphi$ 是这样的同胚, 将 $M$ 中的一个连通开集 $U$ 映到 $\mathbf{R}^n$ 中的一个开子集. 在 $\mathbf{R}^n$ 中, $r_i$ 表示取 $\mathbf{R}^n$ 中一点的第 $i$ 个坐标,记 $x_i=r_i\circ\varphi$, 称 $\varphi$ 为坐标映射, $x_i$ 为坐标函数, $i=1,2,\cdots,n$, 称 $(U,\varphi)$ (或记作 $(U,x_1,\cdots,x_n)$) 为坐标系.

　　**在一个局部 Euclid 空间 $M$ 上的一个 $C^k(1\leqslant k\leqslant\infty)$ 类微分结构,是坐标系的一个集合 $\{(U_\alpha,\varphi_\alpha)|\alpha\in A\}=F$,它满足下列三个条件:**

　　(i) $\underset{\alpha\in A}{\cup}U_\alpha=M$;

　　(ii) **对所有的 $\alpha$, $\beta\in A$, $\varphi_\alpha\circ\varphi_\beta^{-1}\in C^k$;**

　　(iii) **相对(ii)来讲,$F$ 是最大的,即如果 $(U,\varphi)$ 是一坐标系,且对所有 $\alpha\in A$,$\varphi\circ\varphi_\alpha^{-1}$ 及 $\varphi_\alpha\circ\varphi^{-1}$ 都属于 $C^k$,则 $(U,\varphi)\in F$.**

　　这里 $A$ 是一个指标集合. 若 $f=(f_1,\cdots,f_n)$ 是 $\mathbf{R}^n$ 中一个区域 $D$ 上的一个映射, 称 $f\in C^k$ 的意义是, 对 $f$ 的每个分量 $f_i$, $i=1,\cdots,n$, 在 $D$ 上都是 $k$ 次可微的, 且 $f^{(k)}$ 在 $D$ 上连续.

　　从上述这些定义中可以看出: **粗略地说, 一个局部 Euclid 空间就是由与 Euclid 空间同胚的每一点的邻域黏在一起所组成的, 而微分结构是说这种黏法是用微分相联系起来的.** (见图 5.1), 而这是微分流形的大意, 一般讨论的微分流形都是 $k=\infty$ 的情形.

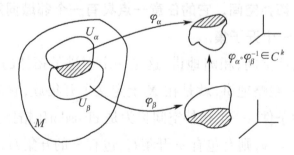

图 5.1

图 5.1 中阴影部分表示 $U_\alpha \cap U_\beta$，$\varphi_\alpha$ 及 $\varphi_\beta$ 分别将此映为图中上、下图形中的阴影部分，而将下图的阴影部分映为上图中的阴影部分的映射 $\varphi_\alpha \circ \varphi_\beta^{-1}$ 是 $C^k\, k \geqslant 1$. 如果对所有 $\alpha$，$\beta \in A$ 这都成立，这就是微分流形.

重要的是：**现代数学中讨论的对象往往是微分流形**. 如：实 Euclid 空间 $\mathbb{R}^n$，复 Euclid 空间 $\mathbb{C}^n$，有限维实向量空间，有限维复向量空间，$n$ 维球面等都是微分流形；前面提到的 Riemann 面是 2 维微分流形. 由 $n \times n$ 非异实矩阵的全体组成的一般线性群 $GL(n, \mathbb{R})$ 也是微分流形. 而现代数学中极为重要的李（Lie）群就是一个具有 $C^\infty$ 群结构的微分流形. 微分流形的例子枚不胜举. 但从上面说到的这些，足以看出其重要性了.

在微分流形上建立微积分，就要在这上面定义微分与积分. 要严格的来定义这些实在太费口舌，但是从微分流形的定义中，可以想到，**在微分流形上来定义微分与积分一定是通过坐标映射 $\varphi$，将一点附近的邻域映到 Euclid 空间中进行**. 这里以不严格的说法来定义微商与积分为例来说明这种做法.

若 $M$ 是一个 $n$ 维微分流形，$(U, \varphi)$ 是它的坐标系，坐标函数为 $x_1, \cdots, x_n$. 如果 $G \subset M$ 是一个开集，$f: G \to \mathbb{R}$ 是 $G$ 上一个实值函数，若 $P \in G \cap U_\alpha$，则 $f \circ \varphi_\alpha^{-1}$ 是定义在开集 $\varphi_\alpha(G \cap U_\alpha)$ 上. 称 $f$ 在 $p$ 点可微，如果 $f \circ \varphi_\alpha^{-1}$ 在 $\varphi_\alpha(p)$ 上可微；称 $f$ 在 $G \cap U_\alpha$ 上可微，如果 $f \circ \varphi_\alpha^{-1}$ 在 $\varphi_\alpha(G \cap U_\alpha)$ 上可微；称 $f$ 在 $G \cap U_\alpha$ 上是 $C^k$，$k \geqslant 1$，如果 $f \circ \varphi_\alpha^{-1}$ 在 $\varphi_\alpha(G \cap U_\alpha)$ 上是 $C^k$. 因之，对在微分流形上定义的一个函数求导，是通过 $\varphi^{-1}$，用对在 Euclid 空间上诱导出来的函数求导来定义的.

用相似的做法，由微分流形上函数的微商出发，可以定义相应的微分、外乘积、外微分形式、外微分算子等等. 同样，可以对微分流形进行定向，若 $U_\alpha \cap U_\beta$ 非空，且 $\varphi_\alpha \circ \varphi_\beta^{-1}$ 的雅可比行列式是正的，则给予 $U_\alpha$ 与 $U_\beta$ 以相同的定向，否则给它们以相反的定向. 定义一个流形是**可定**

向的,如果对任意两个 $\alpha,\beta\in A$,且 $U_\alpha\cap U_\beta$ 非空,则 $\varphi_\alpha\circ\varphi_\beta^{-1}$ 的雅可比行列式都是正的.否则称流形为不可定向.我们讨论的都是可定向的流形.通过 $\varphi$,对可定向的微分流形上的适当的区域上定义的外微分形式来定义积分.为了简单起见,假设流形是**紧致**的.一个集合 $S$ 的每个无限子集都在 $S$ 中有极限点,则称 $S$ 是紧致的.若 $M$ 是一个 $n$ 维紧致的和可定向的流形.由于 $M$ 是紧致的,由 Heine-Borel 定理知道,对 $M$ 有一个有限个坐标邻域的覆盖,若为 $U_1,\cdots,U_m$.对于这个覆盖,可以证明:存在以下的与之相对应的 1 的分解 $F_1,\cdots,F_m$,满足:

(1) $F_i(p)\geqslant 0,p\in M,i=1,\cdots,m$;

(2) $F_i(p)=0,p\notin U_i,i=1,\cdots,m$;

(3) $\displaystyle\sum_{i=1}^{m}F_i(p)=1,p\in M$.

若 $\omega$ 是 $M$ 上的一个 $n$ 阶外微分形式,如果 $U_i$ 的局部坐标为 $(x_1,\cdots,x_n)$,则在 $U_i$ 上,

$$\omega=a_i(x_1,\cdots,x_n)\mathrm{d}x_1\wedge\cdots\wedge\mathrm{d}x_n$$

直观地,粗略地看,由上述(3),

$$\int_M\omega=\int_M\omega\cdot 1=\int_M\omega\sum_{i=1}^{m}F_i=\sum_{i=1}^{m}\int_M\omega F_i$$

由上述(2),

$$\int_M\omega F_i=\int_{\sum_{i=1}^{m}U_i}\omega F_i=\int_{U_i}\omega F_i$$

故应该将 $\displaystyle\int_M\omega$ 定义为 $\displaystyle\sum_{i=1}^{m}\int_{U_i}\omega F_i$.而 $\displaystyle\int_{U_i}\omega F_i$ 定义为

$$\int_{\varphi_i(U_i)}F_i(x_1,\cdots,x_n)a_i(x_i,\cdots,x_n)\mathrm{d}x_1\wedge\cdots\wedge\mathrm{d}x_n.$$

这是 $n$ 维欧氏空间中外微分形式的积分.这样就定义好了紧致可定向流形 $M$ 上外微分形式的积分.

上述的种种定义都不是十分严格的.由于要严格得来给出这些定义,太费篇幅,只好不十分严格地介绍个大概.**在微分流形上的微积分中**

**最最重要的定理仍然是 Stokes 定理**,这里是第二讲第 2.3 节中 Stokes 定理( ∗ )的推广.这时候,这个定理大意为:若 $M$ 是 $n$ 维定向微分流形,$D$ 是其中的一个区域,$\omega$ 为一个光滑的 $(n-1)$ 阶外微分形式,则

$$\int_D \mathrm{d}\omega = \int_{\partial D} \omega$$

成立.

所以说这个定理的大意是这样,是因为这时对 $D$,$\partial D$ 及 $\omega$ 还要加上一些合理的要求.这些要求也就不具体说了.

这个微分流形上的 Stokes 定理,说明了在微分流形上,微分与积分这对矛盾是怎样体现的.

从前面举出的微分流形的那些例子中可以看出,微分流形是一个十分广泛的概念,Euclid 空间不过是它最为简单的例子,所以将微积分从实 Euclid 空间拓展到微分流形上是本质上的一步拓展,说明微积分已从古典走向了现代.它的影响所及远远超出了分析的范围.这的确是"**数学中一步真正的进展**".它是如此"**有力的工具**",不但可以对已有的分析理论有更深刻的理解,而且由此产生了很多不同分支的优美的理论,使得数学翻开了崭新的一页.

关于微分流形上的微积分就十分粗略地介绍这些,有很多写得很好的书可供参阅,如[12].

在微积分严格化之后,作为微积分自身的理论的发展也就介绍这些了.由于这些内容都已不属于通常理解的微积分的范围,而是分别成为一门门独立的学科存在,因此,它们都不能作为微积分发展的一个阶段来看待.

在微积分严格化之后,还有一个重要的拓展在这里没有讲到的,那就是将有限维实 Euclid 空间上的微积分拓展到无穷维空间上去,这里属于泛函分析的内容.由于使本讲不要太长,也就只好留待将来了.

## 参考文献

[1] Cantor G. Über eine eigenschaft das Inbegriffes aller, reelen alge-

braischen Zahlen, Crelles Journal für Mathematik 77(1874), 258~262

[2] Lebesgue H. Intégrale, longueur, aire, Annal di Mathematica Pura ed Appl , (3)7(1902),231~359

[3] Littlewood J E. Lectures on the theory of functions, Oxford univ. press, 1944

[4] Cauchy A L. Bull des Sci. Math 7(1874),265~304; 8(1875), 43~55, 148~159

[5] Cauchy A L. Sur la mécanique céleste et sur un nouveau calcul applé calcul des limits, Turin, 1931

[6]　Goursat E. Sur la definition générale des functions ananlytiques d'apres Cauchy, Tran. Amer. Math. Soc. 4(1900),14~16

[7]　Weierstrass K. Darstellung einer analytischen Function einer complxen Veränderlichen, deren absoluter Betrag zwischen zwei gegebenen Gronztnliegt, Mathematische werke, Johnson, reprint, I, 51~66

[8] Riemann G F B. Grundlagen für eine Allgemeine Theorie der Funktionen enier Veränderlichen complex Grosse, 1851

[9] Hartogs F. Zur theorie der analytischen Funktionen mehrerer unabhängiger Veränderlichen, insbesondere über die Darstellung derseler durch Reihen welche nach Potentzen einer Veränderlichen fortscheiten, Math. Ann. 62(1902),1~88

[10]　Poincaré H. Les fontions analytiqeas de deux variables et la représentation conforme, Rend Circ. Mat. Polermo 23(1907), 185~220

[11]　Range R M. Holomorphic functions and integral representations in several complex varialles, GTM, Springer-Verlag, 1990

[12]　Warner F W. Foundations of differentiale manifolds and Lie groups, GTM. Springer-Verlag, 1983